大学1年生の

なっとく！生物学

第2版

田村隆明 著
Taka-aki Tamura

講談社

まえがき

多くの読者に親しまれてきた『大学１年生の なっとく！生物学』がこのたび改訂版として再び世に出ることになりました。本書は大学生や専門学校生になって生物学の基礎固めをしたいと考えている初学者諸氏など、高校生物の一段上の生物学を学びたいと思っている方々のための教科書です。

本書は初版を踏襲した５部、14 章立ての構成になっています。１部では生物学のアウトラインを、２部ではミクロの視点で生体物質や遺伝子について述べます。３部は動植物の体のつくりを解説するとともに、病原体と生体防御についても触れます。４部はマクロ生物学として生物集団、生態学、進化をとり上げ、５部ではバイオテクノロジーを解説します。

生物学が短時間で大きく変わることはありませんが、初版から８年以上も経ち、遺伝学で使われる用語が変わるなど、いくつかの点で変化がみられました。しかし最も大きく変わった点はバイオテクロジーで、実生活においてもゲノム編集や mRNA ワクチンが身近になったことは周知の事実です。そのような状況をふまえ、改訂版ではこの点を特に充実させました。

本書は初版から図表をフルカラーにて理解しやすい文章に心がけるなど、「読みやすく、利用しやすい」をモットーにしています。さらに重要語句をシートで隠せるようにし、章末に問題集を掲載するなど、ドリルとしての利用もできます。以上の点は改訂版でも踏襲されています。初版と同様、本書が読者諸氏の最良の１冊となれば、作り手としてこれに勝る喜びはありません。最後になりますが、本書作成にあたってさまざまなサポートをいただいた講談社サイエンティフィク編集部の堀恭子氏にこの場を借りてお礼申し上げます。

2022 年 10 月

秋の日射しを受けた都内の一室にて

田村隆明

大学１年生の なっとく！生物学 第２版

contents

ブックデザイン――安田あたる
図版作成――TS スタジオ

生物の
アウトライン

1 章
生物の特徴と種類

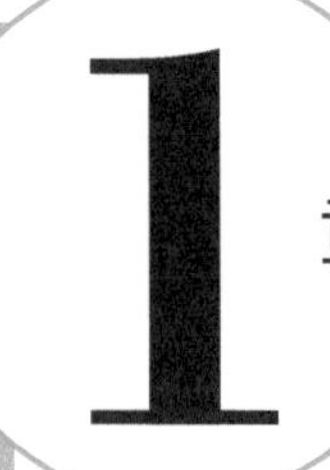

1章 生物の特徴と種類

細胞を単位とし、遺伝現象をともなって自己増殖するものを生物といいます。生物は原核生物（真正細菌と古細菌）と真核生物（原生生物、菌類、植物、動物）に分けることができます。分類は形態とともに、遺伝子の構造や発現様式、生殖や増殖様式、栄養を得る形式などを規準とし、動物では胚や成体の構造や体制も参考になります。

1.1 生物には無生物にはない特徴がある

1.1.1　生物の条件とは？（図 1-1）

A. 遺伝現象をともなって増える

生物を知るにはまず生物とは何であるかを見極めなくてはなりません。まずすぐに気がつくことは増殖という性質です。生物は「増えることを目的に生きる」ということができ、生物生態の本質も増えることにほかなりません（**11 章**（p.156）参照）。

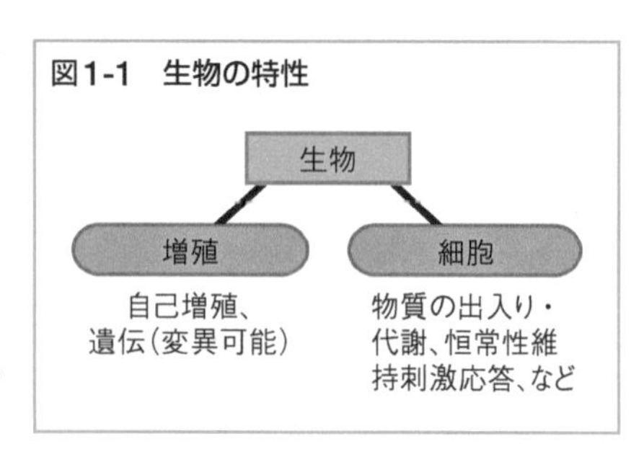

図1-1　生物の特性

次に、増えた生物は元（親）と同じものとなります。この性質を遺伝といい、遺伝子によって規定されます（注：低い頻度ですが遺伝子がわずかに変化する変異もおこる）。ですから、「生物は細胞に含まれる遺伝子を子孫に伝達するもの」と言い換えることもできます。

B. 細胞をもつ

生物は岩や金属と違い、柔軟で瑞々（みずみず）しい体をもっています。貝殻のなかにもやわらかい組織があり、植物を絞れば水が出ますが、これは生物が水分を多く含む細胞という小さな袋から成り立っていることと関係があります。細胞は生命活動を営む基本単位で、物質やエネルギーの移動がみられ、外界から物質を取り入れて代謝をおこない、刺激に応答することができます。前述の増えるという生物の必須条件は細胞にも備わっています。ヒトは約37兆個の細胞をもつといわれています。1つの細胞が1つの個体である生物（生物種）を単細胞生物、多数の細胞からなる種を多細胞生物といいます。生物に病気をおこすウイルスが多数知られていますが、ウイルス（**9.2節**（p.131）参照）は遺伝子を包む粒子であり、厳密には生物とはいえません。遺伝現象をともなって増えますが、細胞はありませんし、増えるといっても自分自身の能力で増えること（自己増殖能）はできません。

1.1.2　栄養獲得方式や増殖能、増殖様式はさまざま

生物を構成する物質の多くは炭素を含む有機物ですが、有機物を無機物である二酸化炭素からつくり出せる生物を独立栄養生物といい、植物と一部の細菌が含まれます。これに対し、ほかの生物がもつ有機物を栄養としてとり入れる生物を従属栄養生物といい、動物や菌類など、多くの生物が含まれます。寄生生物といわれる従属栄養生物はほかの生物から栄養を奪いとって生きています（例：寄生虫、ヤドリギ）。細菌のなかにはほかの生物の細胞のなかでしか生きられないものもあります。

1.2　生物の分類法

1.2.1　生物を分類する

生物の種類は非常に多く、現在知られているだけでも150万種以上あり、未知のものも含めると1,000万種以上に及ぶと推定されています。生物学の歴史は、生物を観察・記載し、それを分類する博物学からはじまりました。分類規準は形だけではなく、発生や増殖の様式、細胞や遺伝子の機能、そして分子の類似性などが目安になります。

生物は上位分類名である領域や界から最下位の種（しゅ）まで、多数の名称をつけて分類されていますが、生物を指定する場合は、かつてリンネが提唱した、属

名と種名で生物を同定する方法（2名法）を現在でも使っています。ハツカネズミは *Mus* 属の *musculus* 種なので *Mus musculus*（短縮形は *M. musculus*）と記載されます（☞イタリック体で表記し、それぞれ大文字と小文字から書きはじめることになっている）。

1.2.2　生物の大分類法

A. 5界説

生物を大まかに界に分ける大分類法は歴史的変遷をたどって変わってきました。最初は動物（界）と植物（界）に分けていましたが、顕微鏡が発見されると、新たに原生生物界が設けられました。しかし、この分類はまだ未熟なものでした。これを科学的見知から見直した人物が5界説を提唱した（1959年）ホイタッカーです。彼はこれまでの原生生物を、原核生物が入るモネラ界と真核生物の入る新しい原生生物界に分け、さらにそれまでの植物を光合成をおこなう現在の植物界と菌類（菌界）に分けました。モネラ界を通常の細菌（真正細菌）と古細菌に分類した6界説というものもその後登場しました。

B. 原生生物の位置

生物の大分類で常に議論の的になるのが、真核生物のうちで動物、植物、菌類のいずれにも含まれない原生生物です。当初の5界説では大部分の藻類は植物に、粘菌類や卵菌類は菌類に含まれていましたが、新たに提唱された改良型5界説（**図1-2**）では、いずれも、生活環のなかでアメーバ状個体や鞭毛をもって泳ぐ遊走子が出現するなどという共通の特徴から、すべて原生生物にくくられました。ただそこに含まれる個々の生物は直近に共通の直接的祖先をもっていないため（例：実際には、藻類は陸上植物の祖先）、この分類法には異論もあります。

C. ドメインの分類

界より上位のクラスにドメイン（領域）があります。最初は核をもたない原核生物領域（モネラ界と同じ）とそれ以外の核をもつ真核生物領域に分けられましたが（2ドメイン説）、古細菌発見以来、モネラ界の古細菌を真正細菌から独立させる3ドメインとする方法が提唱されました（**図1-3**）。真核生物のでき方や、遺伝子の構造と発現様式を分子生物学的規準でみた場合は3ドメイン説が妥当だといわれています。

図1-2　改良型5界説による生物の分類

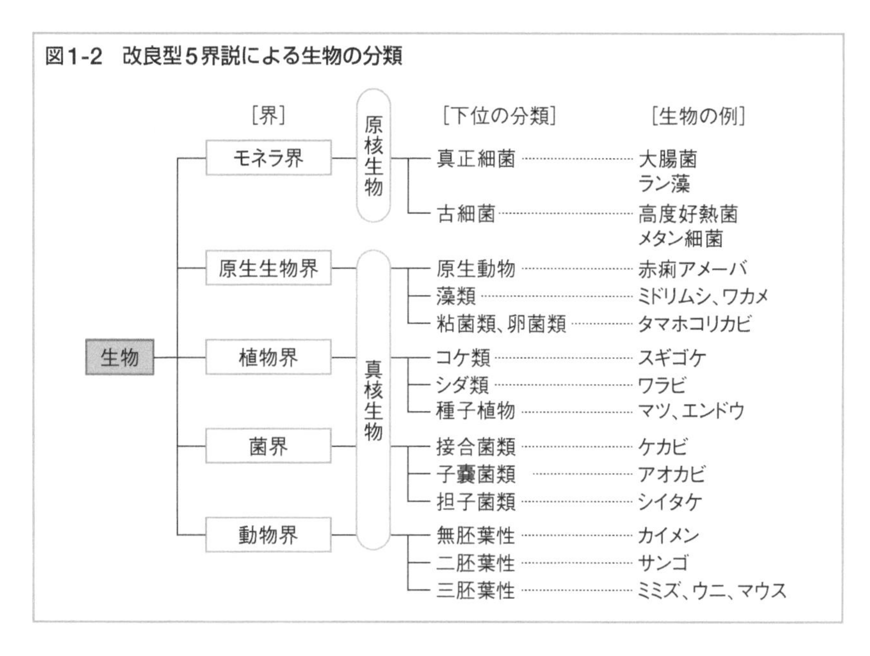

図1-3　3ドメイン説（領域説）による古細菌の位置づけ

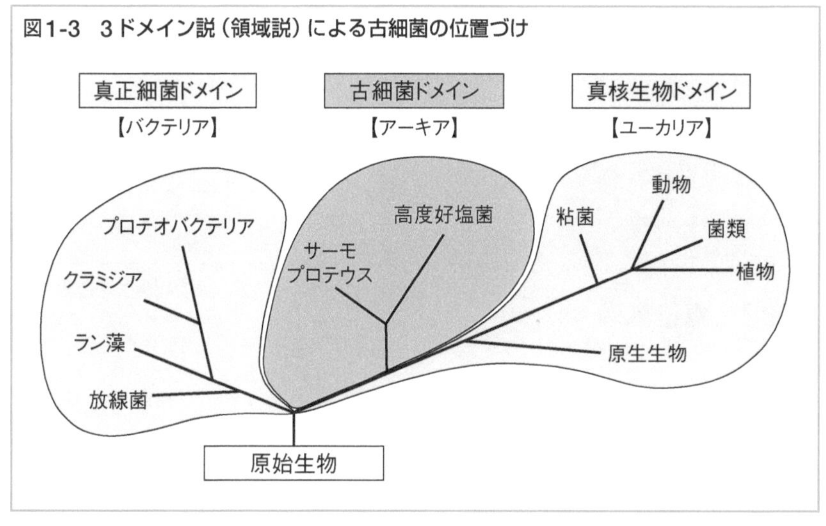

1.3 原核生物

1.3.1　原核生物と真核生物（表1-1）

原核生物には染色体DNAが集まった核様体がみられますが、核膜で包まれていません。基本的に単細胞生物で、無糸分裂による二分裂で無性的に増殖します。細胞膜の周囲には丈夫な細胞壁があり、種類によっては繊毛や運動のための鞭毛をもつものもあります。原核生物には真正細菌と古細菌が含まれます。真核生物は次節以降で述べる多様な生物が含まれる4つの界で構成されています。核（核膜で包まれた核）などの細胞小器官と細胞内骨格系をもち、染色体はヒストンの結合したクロマチンという構造をとります。遺伝子構造や遺伝子発現機構なども原核生物とは異なり、原核生物とは明確に区別されます。

表1-1　原核生物と真核生物の違い

	原核生物	真核生物
核(核膜)	ない	ある
細胞小器官	ない	ある
DNA存在様式	裸のDNA	タンパク質が結合したクロマチン
核相	一倍体	一／二倍体(以上)
DNA量	～0.01 pg*	0.05～10 pg
分裂方式	無糸分裂	有糸分裂
遺伝子数	500～5,000	5,000～30,000
RNAポリメラーゼ	1種	少なくとも3種
細胞壁	ある	ある・ない
細胞構成	単細胞	単細胞・多細胞
細胞内骨格系	ない	ある
原形質流動	ない	ある

＊1 pg = 1×10^{-12} g

1.3.2　真正細菌

真正細菌は次項の古細菌と区別するために使われる用語で、それまで知らされていた細菌類（バクテリア）すべてを含み、通常、細菌といえば真正細菌をさします。多くの種類があり、ヒトに病気をおこすものも少なくありません（例：結核菌、連鎖球菌）。形態的に球菌、桿菌、らせん菌などに分類され、また細胞壁のないマイコプラズマ類、菌糸状の形態をとる放線菌類なども含まれます。ラン藻類（シアノバクテリア）は葉緑体をもって光合成をおこないます。代謝的に不完全で増殖を完全に生細胞に依存する（＝生きている細胞内でのみ生存が可能）リケッチア類（例：発疹チフス病原体）やクラミジア類（例：オウム病病原体）も広い意味で細菌類に含まれます。生理的な特徴も多様で、酸素に対する要求性のあるなしによりそれぞれ好気性菌、嫌気性菌に分けられます。

1.3.3　古細菌

古細菌は1900年代の中頃に発見された一群の単細胞生物で、外見や構造は真正細菌に似ており、高度好熱菌、高度好塩菌、メタン細菌、硫黄細菌などが含まれます。太古の地球環境に生きていたと想像されるため「古」細菌とよばれますが、英語ではアーキア（Archaea）といいます。無酸素状態で生育する嫌気性菌ですが、真正細菌との最大の違いは、クロマチン様構造の染色体をもつこと、遺伝子構造や遺伝子発現機構が真正細菌より真核生物に近いという点です。細胞構造を別にすれば、真正細菌と真核生物の中間に位置する生物ということができ、真核生物の祖先は古細菌のようなものではなかったかと推測されています。

1.4　改良型5界説による原生生物と菌類

1.4.1　原生生物

A. 原生動物

原生生物のうち動物的性質を示すものを原生動物といいます。単細胞で運動性があり、形態的に鞭毛虫類（例：膣トリコモナス、睡眠病トリパノゾーマ）、根足虫類（例：赤痢アメーバ）、胞子虫類（例：トキソプラズマ、マラリア原虫）、繊毛虫類（例：ゾウリムシ、ツリガネムシ）に分けられます。ヒトに病気をおこす病原体が多く含まれます。

B. 藻類

藻類は光合成をする水生生物で、単細胞（☞プランクトンとして存在）から多細胞までさまざまなものがあります。一般的な葉緑素であるクロロフィル a のほか、クロロフィル c を一緒にもつもの、植物と同じくクロロフィル b をいっしょにもつものなどがあり、このことからも植物と近縁の生物といえます。渦鞭毛藻類（例：サンゴ虫と共生している褐虫藻、ヤコウチュウ［葉緑素をもたない］）、ケイ藻類（硅酸質の殻をもつ）、ミドリムシ類は単細胞生物です。褐藻類（例：ワカメ）や紅藻類（例：テングサ、アサクサノリ）は海産の多細胞藻類で、食用のものも多く含まれます。緑藻類は単細胞から多細胞まで多彩で、クロレラ、クラミドモナス、アオミドロなどが含まれます。茎から枝が出る淡水産のシャジクモ類は陸上植物の起源といわれています。

C. 菌類に類似するもの

アメーバ状形態をとる時期のある細胞性粘菌類（例：タマホコリカビ）、変形菌類（例：ムラサキホコリカビ）が含まれます。アメーバ状個体が融合して多核体となり、分化して胞子をつくる器官ができます。

1.4.2　菌類

鞭毛のない胞子をつくり、葉緑素をもたない従属栄養の真核生物を菌類といい、酵母類を除いて多細胞です。胞子のでき方で3つに分類されます。接合菌類（例：クモノスカビ）は多核の長い菌糸が接合し、そこにできた接合子内で胞子がつくられます。子嚢（しのう）菌類は菌糸の先端の子嚢で胞子をつくります（例：アオカビ、酵母）。担子菌類は胞子をつくる大きな器官である子実体（いわゆるキノコ）に形成される担子器内に担子胞子をつくります。

ワンポイント　微生物

微生物とは個体の形態を肉眼で見ることのできない微細な生物を表す慣用的な名称で、原核生物（真正細菌と古細菌）、原生生物、菌類、そして藻類のうち1個～少数の細胞をもつものが含まれます。

1.5　植物（表1-2）

有性生殖をおこない、胚を形成し、クロロフィルをもって光合成をする多細胞独立栄養生物を植物といいます。移動せず、多くは陸上生活をします。

1.5.1　胞子で増える植物

花はつけず種子もなく、胞子で増える植物としてコケ植物とシダ植物の2種があります。コケ植物にはゼニゴケやスギゴケなどがありますが、根、茎、葉の区別がはっきりせず、水の通路である維管束も発達していません。

表1-2　植物の特徴

	維管束	生殖細胞	耐乾燥度	種子の形成	通常の個体
植物界 ― コケ植物	なし	尾形鞭毛をもつ	弱い	×	配偶体。胞子体は配属体に寄生。雌株と雄株
植物界 ― シダ植物	仮道管（維管束植物）	尾形鞭毛をもつ	↑	×	胞子体。小型の配偶体（前葉体）がある
植物界 ― 種子植物 ― 裸子植物	仮道管（維管束植物）	繊毛をもつ→イチョウ	↓	○	胞子体・配偶体は胞子体に寄生。子房はなく胚珠が露出
植物界 ― 種子植物 ― 被子植物	道管（維管束植物）	繊毛も鞭毛ももたない	強い	○	胞子体・配偶体は胞子体に寄生。胚珠が子房に包まれている

一方、シダ植物（例：ワラビ、ゼンマイ、スギナ、トクサ）は根、茎、葉の区別があり、維管束も発達しています。

1.5.2　種子で増える植物

乾燥に強い種子で増殖するものを種子植物といいます。

A. 裸子植物

最初に出現した種子植物で、将来種子になる胚珠が子房に覆われておらず、むきだしの状態になっています。イチョウ、ソテツといったものも含まれますが、もっとも多いものはマツ類で、マツ、スギ、ヒノキといった代表的な針葉樹が含まれます。

B. 被子植物

もっとも普通の植物で、子葉が１個か２個かで単子葉植物（例：イネ、ヤシ、ユリ）、双子葉植物（例：エンドウ、アブラナ、バラ）に分けられます。通常はおしべとめしべがセットになった花（両性花）をつけますが、別々の花につく雌雄異花（例：カボチャ）もあります。雌雄の花が別々の個体につくものは雌雄異株（例：サンショ、ヤマモモ）といいます。

1.6　動物

1.6.1　分類に使われる基準

多細胞の従属栄養生物で、卵と精子の受精卵から発生し、中空の胞胚を経て形態がつくられるものを動物といい、食物を口から消化管にとり入れて消化し、養分を細胞内および体内に吸収します（細胞外消化）。発生時にできる

表1-3 動物界に含まれる生物

<table>
<tr><td rowspan="4">動物界</td><td>無胚葉性</td><td>二胚葉性</td><td colspan="4">三胚葉性</td></tr>
<tr><td rowspan="3">海綿動物
（カイメン）</td><td rowspan="3">刺胞動物
（イソギンチャク、クラゲ、サンゴ）</td><td></td><td>原体腔</td><td colspan="2">真体腔</td></tr>
<tr><td>旧口動物</td><td>扁形動物
（プラナリア、サナダムシ）
ひも形動物
（ヒモムシ）
線形動物
（センチュウ、カイチュウ）
輪形動物
（ツボワムシ）</td><td>軟体動物
腹足類
（サザエ）
斧足類
（アサリ）
頭足類
（タコ）
環形動物
（ミミズ、ゴカイ）</td><td>節足動物
昆虫類
（カブトムシ）
甲殻類
（エビ）
クモ類
（クモ、サソリ）
多足類
（ムカデ）</td></tr>
<tr><td>新口動物</td><td>毛顎動物
（ヤムシ）</td><td>棘皮動物
（ウニ、ヒトデ）</td><td>脊索動物
原索動物
頭索動物
（ナメクジウオ）
尾索動物
（ホヤ）
脊椎動物
（カエル、サル）</td></tr>
</table>

規則正しい一層の細胞集団を胚葉といいますが、その分化度から、分化が不完全な無胚葉性の海綿動物、内胚葉と外胚葉をもつ二胚葉性の刺胞動物、そしてさらに中胚葉ももつ三胚葉性のものに分けることができます（**表1-3**）。内臓などが収まる体内空間を体腔といいますが、これが中胚葉の内部にできるものを真体腔、胞胚腔が単に広がったものを原体腔といい、後者のほうが原始的です。分類規準でもうひとつ重要なことは口（くち）のでき方です。脊索動物と棘皮（きょくひ）動物は発生時に陥入で生じた原口が肛門になり、口はあとからできるので新口動物あるいは後口動物といいます。他方、昆虫、ミミズ、イカなどは原口が口になるので旧口動物あるいは前口動物といいます（**図1-4**）。三胚

図1-4 動物の口のでき方

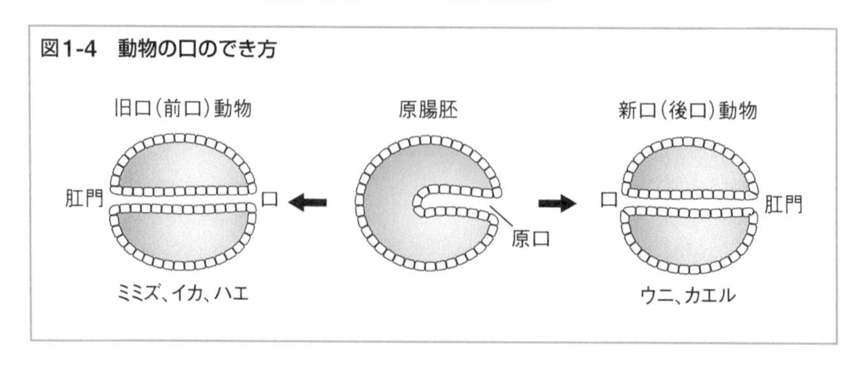

葉となった時に新口動物と旧口動物が分岐したと考えられます。

1.6.2　無胚葉性、二胚葉性動物

A. 海綿動物（英名 sponge）

胚がそのまま成長した構造をもつ、胚葉の分化度が低い分類群です。多細胞生物ですが細胞間結合は弱く、神経や筋肉はありません。海水を濾して餌を捕食するため、口に相当する構造もありません。体内に多数の微生物を生息させています。死骸を乾燥させたものは日用品のスポンジとして利用されます。

B. 刺胞動物

二胚葉性の動物で、イソギンチャクやクラゲのほか、サンゴのように群体をつくるものも含まれます。かつては腔腸動物とよばれていました。散在神経系をもち、餌捕獲用の刺胞があります。外胚葉と内胚葉の二層からなり、体腔に通じる部位として 1 個の口があります。海綿動物と同じく、出芽という形式でも増えることができます。

1.6.3　旧口動物

A. 原体腔をもつ

扁形動物にはプラナリアやヒル、寄生虫の住血吸虫やサナダムシなどが含まれ、平たくて細長い形態をとります。口はありますが、腸や肛門はありません。ひも形動物にはヒモムシの仲間が、輪形動物にはワムシの仲間が含まれます。これらとそれ以降の動物では消化管が明確に分化しています。線形動物は細長い形態をもち、センチュウ、カイチュウなどが含まれます。

B. 真体腔をもつ

軟体動物、環形動物、節足動物が含まれますが、種類が多く、とくに節足動物は同定されている全動物種の 85%を占めます。軟体動物は外とう膜で覆われる内臓をもち、貝殻をつけるものが多く含まれます。軟体動物はさらに細かく、複足類（巻貝の仲間。例：ナメクジ、サザエ）、斧足類（二枚貝の仲間。例：アサリ、カキ）、頭足類（タコやイカの仲間。ほとんどは貝殻がなく、ほかの軟体動物と異なり閉鎖型の血管系をもち、目がある）に分けられます。環形動物（例：ミミズやゴカイ）は多くの節（体節）をもち、筋肉が発

達しているので、蠕動運動（ホースをしごくような動き）で移動します。節足動物は左右対称の形態をとり、硬い外骨格をもち、感覚器官が発達しています。いくつかの種類がありますが、昆虫類は6本の足と（多くの場合4枚の）羽をもち、頭部－胸部－腹部からなります。クモ類（8本の足をもち、頭部と腹部からなり、羽はない）にはクモやサソリが、多足類にはヤスデやムカデが、甲殻類にはミジンコやダンゴムシ、エビやカニが含まれます。

1.6.4　新口動物

新口動物はすべて真体腔をもっています。

A. 脊索をもたないもの

毛顎動物は矢じり形態の小型動物で動物プランクトンとして海洋に多数生息しています。棘皮動物は五放射状の形態をとり、ウニやヒトデ、ナマコなどの仲間が入ります。

B. 脊索動物

進化年代の早い順に頭索動物、尾索動物、脊椎動物となり、前者2群をまとめて原索動物といいます。頭索動物にはナメクジウオ、尾索動物にはホヤが含まれます。尾索類は成体になると脊索が退化し、固着生活をします。

1.6.5　脊椎動物（表1-4）

脊椎動物は発生初期に脊索ができますが、発生が進むと退化し、代わりに脊髄を包む脊椎ができて骨格が発達します。基本的に哺乳類以外は卵生です。

A. 円口類

魚類に似ていますが、顎がないので無顎類ともいいます。ヌタウナギとヤツメウナギの仲間が含まれます。

B. 魚類

原索動物、円口類と同じく、生涯水中で暮らします。原始的な軟骨魚類（サメやエイの仲間）と、より進化した硬骨魚類に分けられます。鰓呼吸をしますが、ハイギョのように肺呼吸できる硬骨魚もあります。

C. 両生類

孵化後、変態を経て成体になります。幼生はいわゆるオタマジャクシで、鰓呼吸をします。成体は足をもち肺呼吸をしますが乾燥に弱く、産卵も水中

表1-4　脊椎動物の特徴

	分類名		例	呼吸法	心臓	生殖と発生	水中での生活
脊椎動物	円口類		ヤツメウナギ	鰓呼吸	1心房1心室	体外受精・卵生	◎
	魚類	軟骨魚類	サメ、エイ	鰓呼吸（ハイギョ：肺呼吸）	1心房1心室		◎
		硬骨魚類	サケ、コイ				
	両生類	有尾両生類	サンショウウオ	鰓呼吸（オタマジャクシ）・皮膚呼吸	2心房1心室	オタマジャクシ 幼生・変態	◎→△
		無尾両生類	カエル	肺呼吸			
	は虫類		ヘビ、カメ、ワニ		ワニ：2心房2心室	体内受精・卵生	×（◯）#
	鳥類		ワシ、ダチョウ		2心房2心室		
	哺乳類	単孔類	ハリモグラ、カモノハシ				
		有袋類	カンガルー、コアラ			体内受精・胎生	
		有胎盤類	ウマ、ゾウ				

\# クジラ類、ウミガメ類など

から水辺でおこないます。変態後に尻尾が残るものを有尾類（例：イモリ、サンショウウオ）、退化したものを無尾類（カエルの仲間）といいます。

D. は虫類

ヘビやトカゲ、カメ、ワニの仲間が含まれ、肺呼吸をします。両生類と同様に2心房1心室の心臓をもちますが（魚類は1心房1心室）、ワニは2心房2心室になっています。

E. 鳥類

卵生で、羽毛や歯のない嘴（くちばし）をもち、前足が変化した翼があって多くは飛行できます。哺乳類と同じく、一定の体温を保つ恒温動物です。

F. 哺乳類

胎生で子を産み、授乳させて育てる動物です。ただし単孔類（例：カモノハシ、ハリモグラ）は卵生で、は虫類のように肛門と尿生殖口の合わさった総排出口をもっています。通常の哺乳類は胎盤が発達している有胎盤類ですが、オーストラリアに棲むカンガルーやコアラ、アメリカ大陸に棲むオポッサムなどは胎盤のない有袋類で、未熟な状態で胎児を出産し、体外の袋（育児嚢（のう））で子を発育させます。有胎盤類はネズミ目（齧歯（げっし）目）、ゾウ目（長鼻目）、サル目（霊長目。ヒトも入る）、食肉目（ネコ目）、ウマ目（奇蹄目）などを含む多くの下位分類群があります。

章末問題

1 ウイルスが生物といえない理由は何でしょう。

【答え】生物の3要素は増殖、遺伝、細胞だが、ウイルスには増殖や遺伝といった現象はみられるものの、細胞をもたない。

2 生物の命名法で2名法とはどういうものでしょう。

【答え】リンネによって考案された生物の正式名称（学名）に使われる命名法。属名と種名を順に記す。

3 生物の5大分類とは何でしょう。

【答え】モネラ界、原生生物界、菌界、植物界、動物界

4 アルコール発酵に使うコウボ（酵母菌）と動物の腸内に生息する大腸菌は生物分類学上まったく違う生物です。なぜでしょう。

【答え】酵母は核や細胞小器官をもつ真核生物で菌類に含まれるが、大腸菌は原核生物（とくに真正細菌）に属する。

5 タネで増える植物のなかでも、スギ、ソテツ、イチョウなどには共通の特徴があります。それは何でしょう。

【答え】これらの植物は将来の種子である胚珠がむき出しの状態の裸子植物で、胚珠が子房で覆われている被子植物と比べより原始的である。

6 動物の分類基準となる胚葉と口（くち）のでき方について説明してください。

【答え】発生初期の胚にみられるまとまった一層の細胞集団を胚葉という。外胚葉、中胚葉、内胚葉の三胚葉からなるが、なかには無胚葉性、二胚葉性のものもある。胚の一部が陥没して腸、口、肛門ができるが、陥没開始部分が口になる旧口（前口）動物と肛門になる新口（後口）動物がある。

7 卵生で恒温動物に属する脊椎動物とは何でしょう。

【答え】鳥類。特殊な例は哺乳類の単孔類（例：カモノハシ）。

8 微生物のなかには細菌とウイルスが含まれるといえるでしょうか。

【答え】微生物とは肉眼で見ることのできない微細な生物をいうが、ウイルスは生物ではないので含まれない。

ミクロの視点から みた生物

2章 細胞の構造と機能

生物をつくる細胞の形態はさまざまですが、内部構造には共通性がみられます。細胞は細胞膜で包まれ、なかには核やミトコンドリアといった細胞小器官があります。細胞の増殖はDNA複製と細胞分裂をくり返しながら進み、そこには多くの調節因子が関与しています。本章ではこのような細胞に関する基本的な事柄に、運動や情報伝達といった細胞が示す特徴や細胞の癌(がん)化や死なども加え、細胞を多角的にみていきます。

2.1 真核細胞の構造（図2-1）

2.1.1 細胞を観察する

真核生物の細胞（真核細胞）の大きさは、例外的に大きなもの（例：卵、藻類であるシャジクモの細胞、筋細胞、神経細胞）もありますが、通常は数十〜数百 μm（1 μm = 10^{-6} m）で、細胞を観察するには顕微鏡を使わなくてはなりません。顕微鏡はフックによってつくられ、最初にコルクの細胞が観察されました（注：実際には死んで細胞壁だけになった細胞の抜け殻を見ていました）（1665年）。ちなみに、英語の細胞「cell」は小部屋という意味です。顕微鏡は対物レンズと接眼レンズを組み合わせて像を拡大しま

図2-1　真核細胞（動物細胞）の構造

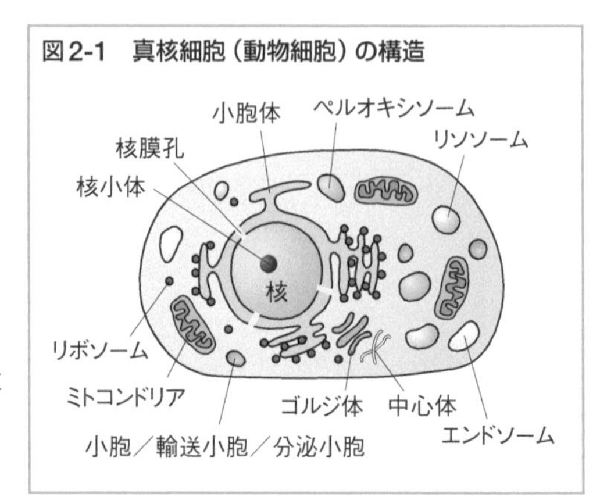

す。通常の光学顕微鏡では2,000倍程度の倍率が得られ（2点を区別できる分解能は0.5 μm）、真核細胞はもちろん、細菌も見ることができますが、真核細胞の核以外の細胞小器官や内部の微細構造は観察できません。電子顕微鏡（分解能は最大0.1 nm。1 nmは10^{-9} m）は～100万倍の倍率が得られるので、細胞微細構造やウイルスはもちろんのこと、DNAなどの巨大分子もみることができます。

2.1.2　細胞膜

細胞の周囲には脂質二重層からなる細胞膜がありますが、このような構造の膜を一般に生体膜といい、細胞小器官にもあります。植物は細胞膜の外側に、セルロースを含む硬い細胞壁があります。膜をつくる脂質は主にリン脂質で、そのほかコレステロールも存在しています。細胞膜にはタンパク質がモザイクのように埋め込まれ、脂質とともに水平方向へ移動しうるやわらかな構造をもちます。この状態を流動モザイクモデルといいます（**図2-2**）。細胞膜は気体（例：酸素、二酸化炭素）やアルコールなどは通過できますが、大部分の分子は自由に通ることができず、水さえも移動が制限されています。このため外界との物質の出入りには膜に存在する輸送タンパク質やチャネルといった物質移動のための種々のタンパク質が必要となります。細胞膜に埋め込まれているタンパク質にはさまざまな単糖が複雑に連結した糖鎖がついていることが多く、細胞と細胞の識別や結合に利用されています。

図2-2　細胞膜の構造と流動モザイクモデル

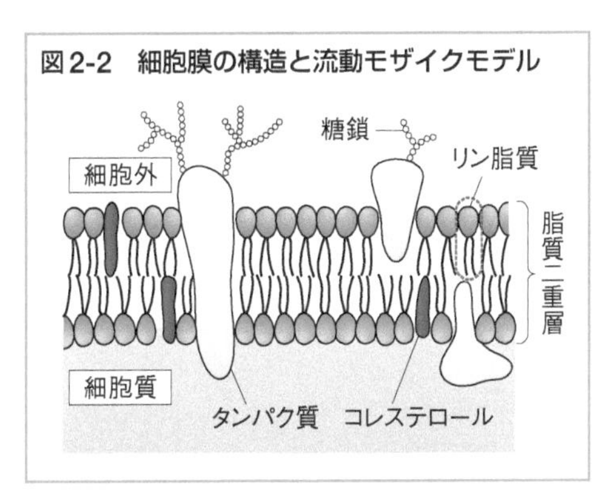

2.1.3　細胞内にあるもの

A. 原形質と細胞小器官

細胞内にあるドロドロとした物質を細胞質あるいはサイトゾルといい、そこに生体膜で包まれた袋状の構造物である細胞小器官（オルガネラともいう）

が浮遊しています。細胞膜、細胞質、細胞小器官などの生命活動に必須なものを合わせて原形質という場合があります（注：厳密な定義ではない）。細胞小器官にはいろいろなものがあります。小胞体は核の周囲にある迷路のような袋状構造で、リボソームが付着している粗面小胞体と、付着していない滑面小胞体があります。ゴルジ体は小胞体の近くにある数個重なる扁平な袋状構造で、タンパク質の化学修飾や分配にかかわります。リソソームは多数の消化酵素を含み、不要物質の分解にかかわります。ペルオキシソームは過酸化物の分解や脂質酸化にかかわり、細胞における主要な熱発生源となっています。エンドソームは細胞内外のタンパク質などの輸送中継場所となります。輸送小胞は各細胞小器官の間のタンパク質輸送にかかわりますが、移動先が細胞膜の場合は分泌にかかわるので分泌小胞ともいわれます（例：神経伝達物質を含むシナプス小胞）。植物には葉緑体などの色素体も存在します。原形質ではありませんが、細胞活動の結果、代謝産物などが蓄積する液胞や貯蔵顆粒などをもつ細胞もあります（例：植物細胞の液胞やデンプン粒、動物細胞の脂肪粒やヒスタミン顆粒）。

B. 核

最大の細胞小器官で、遺伝情報を含み、細胞の生命活動を根本で支配しています。細胞に1個だけ存在し、細胞の種類によらず、10～30 μm の範囲とほぼ一定の大きさです。二重の膜で包まれ、内部（核質という）には染色体 DNA とタンパク質の複合体であるクロマチン（＝染色質）が含まれ、リボソーマル RNA 合成の場である核小体がみられます。細胞質との物質移動は核膜に開いた多数の小孔（核膜孔）を通じておこなわれます。

C. ミトコンドリア

細長い棒状～ラグビーボール状で、内膜と外膜の二重の膜構造をもち、内膜は内部に入り込んでいます。独自の遺伝子をもつ環状の DNA を含んでいます（☞細胞内共生説で、好気性細菌の痕跡とされている）。主要な働きは酸素を使った好気呼吸による ATP 生産ですが、細胞死の進行にもかかわっています。

D. それ以外の構造物

細胞内には膜構造をとらない顆粒や特異的構造をもつ巨大タンパク質複合体がいくつかあります。リボソームはタンパク質合成のための粒子で、大小2つの亜粒子（またはサブユニット）から構成され、遊離の状態あるいは小胞体の表面に存在しています。プロテアソームはタンパク質分解に働く微粒子で、中空構造をもっています。動物細胞で明瞭にみられる中心体は、直角に位置する2本の棒状構造の中心小体とその周囲の周辺物質からなり、核の近くに1組だけ存在します。細胞分裂時に複製し、娘細胞に移動して星状体となって、染色体を引き寄せる微小管を束ねる装置になります。

ワンポイント　細菌の細胞

周囲には細胞膜があり、内部にリボソームはありますが細胞小器官はありません。核もなく、染色体DNAはクロマチン構造をとらず、核様体に濃縮されています。周囲に硬い細胞壁をもち、運動のための鞭毛や付着のための線毛をもつものもあります。環境悪化により熱や乾燥に強い胞子（芽胞）をつくるものがあります（例：納豆菌）。

2.1.4　細胞膜を介する水の出入り

細胞にもっとも多く含まれる物質は水であり、水の出入りは生命活動の維持にとって極めて重要です。物質は均一になろうとする性質がありますが、細胞膜を挟んで中のほうの分子濃度が濃い場合、それを薄めるように中に向かって水が浸透しますがその圧力を浸透圧といいます。浸透圧は物質の濃度（注：この時の濃度は分子数濃度として使われるモル濃度。1モル濃度は1Lに1モルの数の分子が溶けている状態。1モル＝6.02×10^{23}個）が高いほど高くなります。結局、濃い溶液は水を引き寄せる作用があることになります。細胞膜は水のような小さな分子を通しますが、このような分子レベルの微細な孔のある膜を半透膜といい（**図2-3**）、生体膜はその代表的なものです。細胞を真水に入れると浸透圧で内部に水が入り、やがて破裂します。逆に海水に入れると水が出ていって細胞は縮みますが、植物細胞の場合は細胞壁から細胞膜が離れる原形質分離という現象がみられます。細胞と同じ浸透圧を等張、高い／低い場合を

図2-3　半透膜と浸透圧

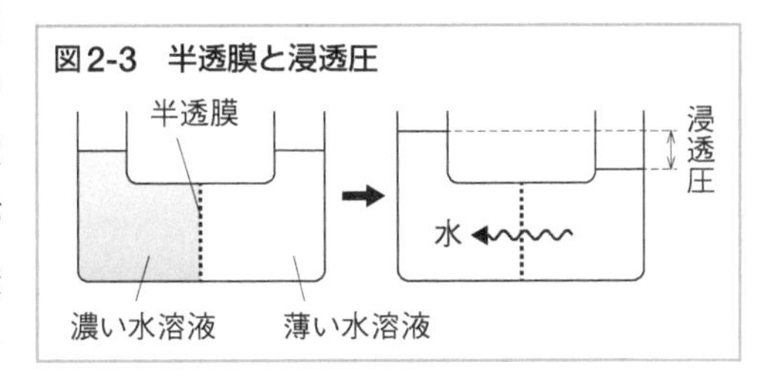

高張／低張といいます。生物はエネルギーを使って体内の水分や塩分量を調節し、浸透圧を等張に保っています。

2.2 細胞の挙動

2.2.1 細胞運動

A. 細胞骨格系

細胞内にはタンパク質の繊維が主に3種類存在し、細胞骨格系を形成しています（**図2-4**）。もっとも太いものは微小管で（直径は25 nm）、2種類（αおよびβ）のチューブリンが重合した分子です。微小管は中心体から八方に伸びており、染色体を牽引する繊維や物質が移動する場合の経路として使われます。中間径繊維は直径10 nmで、ケラチン、ニューロフィラメントなど、細胞によっていろいろな種類があり、細胞中に張りめぐらされて細胞内情報伝達にかかわっています。アクチン繊維は直径6nmの繊維で、一般の細胞では細胞形態維持、仮足（細胞周囲にあって足や突起のような動く部分）における運動、そして細胞分裂終期での細胞質分割などに使われ、筋細胞（筋肉細胞）の収縮では中心的な役割を担っています。アクチンやチューブリンは球状タンパク質で、重合して繊維を形成します。

図2-4　細胞骨格タンパク質

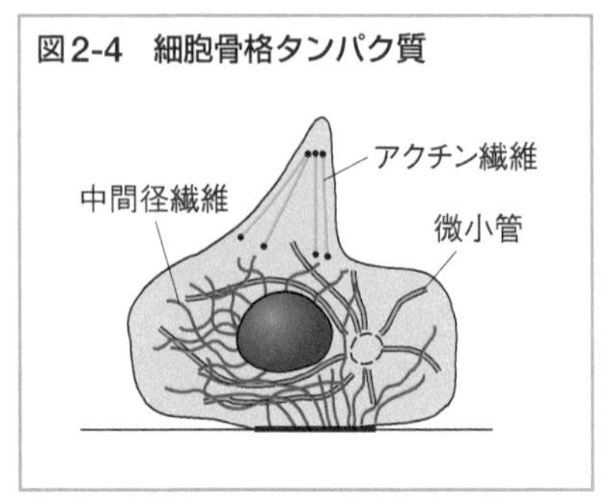

B. モータータンパク質

動くためには力学的エネルギーが必要ですが、このエネルギーを発生させるタンパク質をモータータンパク質といいます。モータータンパク質はATP加水分解酵素（ATPアーゼ）でもあり、ATPの加水分解反応で発生するエネルギーを分子運動に使います。モータータンパク質がアクチン繊維や微小管に付着し、その上を移動することで、結果的に繊維が動いたり、繊維が固定されている場合は、自身が繊維上を動き、付着した物質を運搬します。アクチン上ではミオシン、微小管上ではキネシンやダイニンといったモータータンパク質が使われます。動物でみられる筋収縮や植物でみられる原形質流動もアクチン-ミオシンの相互作用でおこります。

ワンポイント「組織と細胞接着」

生体内では同じ種類の細胞どうしが集まって組織を形成し、細胞がバラバラになることはありません。これは細胞どうしが接着しているためで、接着には細胞表面から出ている接着タンパク質（例：カドヘリン）の結合が関与しています。同じ細胞接着タンパク質ほどよく結合するため、細胞種ごとでまとまることができます。

2.2.2　細胞内のタンパク質移動（図 2-5）

A. 合成後小胞体に入るタンパク質

膜結合リボソームでつくられたタンパク質は、タンパク質のアミノ末端部分（シグナルペプチド）、あるいはリーダー配列が少し削りとられたあとに小胞体内腔に入り、正しく折りたたまれたのち、小胞輸送でゴルジ体に移動します。ゴルジ体で化学修飾を受け、やはり小胞輸送によってエンドソームや細胞質の別の場所に送られます。分泌性タンパク質の場合は細胞膜に到達後、細胞膜の融合によって細胞外へ放出されます。このため分泌性臓器（例：膵臓）では小胞体やゴルジ体が発達しています。

B. 細胞質でつくられるタンパク質

A. の過程に対し、細胞質にある遊離リボソームで合成されたタンパク質はすぐに目的場所である核や核小体、ミトコンドリアや葉緑体、ペルオキシソームなどに運ばれます。この場合、タンパク質にはそのタンパク質がどこに移動するかの目印となる局在化シグナルあるいは移行シグナルといわれる短いアミノ酸配列が存在します。

C. リソソームによるタンパク質分解

細胞外からとり込まれた異物タンパク質は最終的にはリソソームと融合し、なかの酵素で分解されます。白血球などが大きな異物（細菌など）をとり込んだ場合もリソソームといっしょになり分解します。細胞質や細胞小器官などが膜で包まれるなどして同じ細胞のリソソーム酵素で分解される現象があり、オートファジー（自食作用）といわれます。

図2-5　つくられ方の違いによるタンパク質の移動方式

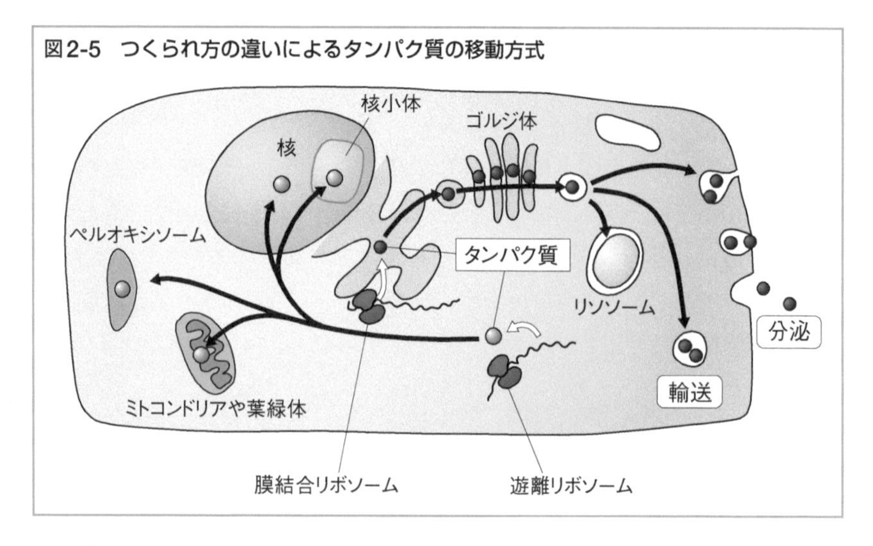

D. プロテアソームによるタンパク質分解

プロテアソームはタンパク質分解酵素活性をもつ複合体です。プロテアソームで分解されるタンパク質は、主に細胞増殖制御因子や転写調節因子のような比較的寿命の短いものが多く、ユビキチンという小さなタンパク質が多数鎖状についていることが分解の目印となっています。

E. タンパク質を折りたたむタンパク質

細胞内にはATP加水分解活性をもつタンパク質を正しく折りたたませなおすタンパク質のシャペロンが何種類か存在します。シャペロンは熱などでゆがんだタンパク質構造を元に戻したり、タンパク質がまさにつくられているときに、できた部分から折りたたみがおこらないようにする働きがあります。

2.2.3　細胞内情報伝達

A. 細胞効果物質とその目的

成長ホルモンが細胞に到達すると、やがて細胞は増殖をはじめます。このように生体分子に結合して作用を誘発する物質を一般にリガンドといい、リガンドが細胞に結合する場合、結合する細胞側のタンパク質を受容体（リセプター）といいます。このようなリガンドにはホルモン（例：インスリン、性ホルモン）、細胞調節因子（例：インターフェロン）、アミノ酸（例：グルタミン酸）、ビタミン（例：AやDなどの脂溶性ビタミン）、糖（例：グルコース)、金属などがあります。リガンドが効く細胞と効かない細胞の差は主に細胞が受容体をもつかどうかによります。受容体にリガンドが結合すると細胞の挙動が変化しますが、変化の種類は増殖、分化、運動などとさまざまで、リガンドの種類によって異なります。場合によっては細胞が死んだり癌化する場合もあります。リガンドの効果の最終標的は、細胞骨格タンパク質やモータータンパク質もありますが、多くは転写調節因子です。

B. 情報伝達機構

リガンド結合を受けて活性化した受容体の情報が標的分子に伝わることを細胞内情報伝達といいます。細胞内情報伝達には分子の結合や酵素による化学変化が関与しますが、どのようなものが使われるかはリガンドによります。情報伝達分子の種類としてはタンパク質リン酸化酵素(プロテインキナーゼ。通常はリン酸化型が活性型)やそのほかの酵素(例:ホスフォリパーゼC)、Gタンパク質(グアニンヌクレオチド結合タンパク質。通常はGTP結合型が活性化型でGDP結合型が不活性型)、イノシトールリン脂質、環状AMP(cAMP)、カルシウムイオンなどと非常に多くのものがあります。これらの因子は次々に下流にある伝達因子に作用して活性化反応の連鎖(カスケードという)をおこし、それが最終標的分子に到達します。最終標的分子としての転写調節因子がリン酸化で活性化され、関連遺伝子が発現して細胞の状態が変化するという機構がもっとも典型的です。

2.3 細胞分裂

2.3.1 細胞周期

真核細胞が増殖する場合、まずDNAが複製し、続いておこる細胞分裂でそれらが等分に分配されます。盛んに増殖している細胞の場合はこの過程がくり返しおこりますが、くり返し単位を細胞周期といいます(**図2-6**)。細胞周期はDNAが合成(synthesis)されるS期、細胞分裂(有糸分裂mitosis)がおこるM期、そしてM期からS期に向かう間隙(gap)期のG_1期、S期からM期に向かう間隙期のG_2期からなります。M期以外は間期といいます。増殖因子の作用で細胞がいったんS期に入ると、途中で止まることなく次のG_1期まで進みます。増殖因子がないとずっとG_1期にとどまります。こ

図2-6 細胞周期進行の様子

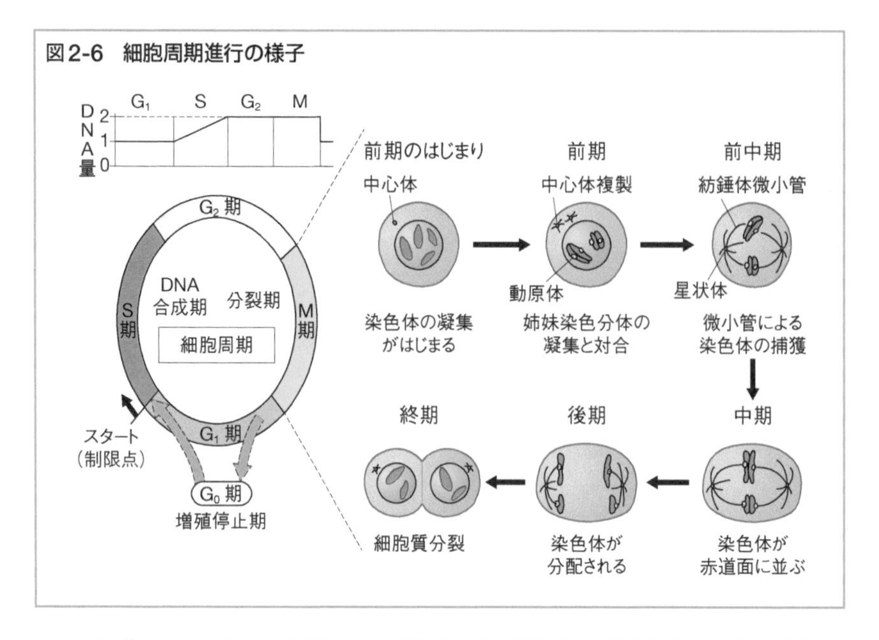

れを G_0 期といいます。細胞が1回増殖する時間は10時間以上でまちまちですが、その違いは主に G_1 の長さによります。

細胞周期を駆動させる因子はサイクリンとそれによって活性化される CDK（サイクリン依存キナーゼ）というタンパク質リン酸化酵素で、細胞にはそれぞれのタイミングで働く複数の因子が存在しています。カエルの卵を成熟させる物質として発見された MPF は、細胞に普遍的に存在する G_2 期から M 期にかけて働くサイクリン B と CDK1 の複合体です。

2.3.2 細胞分裂

M期に入ると細かった染色体が凝集し、核膜が消えます（前期）。次に染色体が凝集して太くなり（顕微鏡でみえるようになる）、染色体には星状体から伸びた微小管が接近します（前中期）。次に染色体が細胞中央（赤道面）に並び、微小管が染色体中央部の動原体に結合します。微小管の収縮によって染色体が等分に両極に牽引され（終期）、最後に中心部が絞られるように細胞質が分けられ、核膜ができ、染色体がみえなくなって細胞分裂が完了します（終期）。細胞分裂で繊維状タンパク質の微小管繊維が出現することから、真核生物の体細胞の分裂は有糸分裂といわれます（☞原核生物は無糸分裂）。

2.3.3　細胞増殖を制御する機構

細胞には一度DNA合成がはじまったらすぐには次のDNA合成がおきないしくみがありますが、この機構を複製のライセンス化といいます。さらに細胞は、DNAが物理化学的に傷ついた場合に周期をいったん止めて傷を修復したり、すべての染色体のおのおのに1本の微小管が結合するまでは染色体分離がおこらないなどの安全装置をもっています。これらをチェックポイントといいます。これらの機構が正常に働かないと染色体異常がおきたり（例：21番染色体が3本になるダウン症候群）、突然変異が残るために細胞が死んだり癌化したりしてしまいます。

2.4 細胞の癌化

2.4.1　癌細胞の特徴

癌細胞（がん）は増殖性が高く、組織中や血中に入り込んでいろいろな場所に移動し（転移）、場所を選ばず勝手に増殖します。大きな塊にまで成長して個体の栄養や体力を奪い、体液の状態を変化させ、生体の恒常性維持機能を低下させて個体を死に向かわせます。試験管内で癌細胞を培養しても、生体内と同じように盛り上がって増殖したり、液体中でも増殖しますが、このような細

図2-7　癌細胞の特性

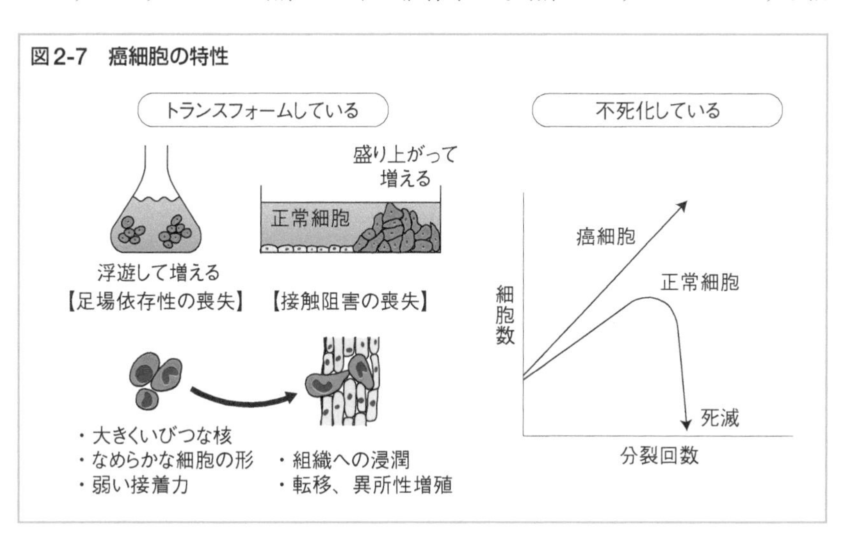

胞の性質が変化していることをトランスフォームしているといいます。しかし癌細胞のもっとも重要な特徴は不死化です。普通の細胞は 50 ～ 60 回ほど分裂すると老化して分裂できずに死んでしまいますが、癌細胞は老化のプロセスから逸脱し、無限増殖します（**図 2-7**）。

2.4.2　癌細胞では遺伝子が変異している

A. 癌の原因

癌の原因は DNA の変異で、変異誘起剤である放射線、紫外線、薬剤（例：タール成分であるニトロソ化合物、亜硝酸塩、真菌の毒素であるアフラトキシン）は発癌剤にもなります。細菌（例：ピロリ菌）のつくる毒素やアスベストなどにも発癌作用がありますが、いずれも結果的に変異によって DNA 構造を変化させます。ウイルスにも発癌作用のあるものがあります（次項）。癌と関係する遺伝子のカテゴリーはいくつかに分けられますが、多くは細胞増殖に関連するもので、増殖促進遺伝子が過度に働いたり、増殖抑制遺伝子の働きが低下すると癌化に向かうようになります。細胞死に関連する遺伝子（☞癌化に向かう細胞が死んだり、免疫が働いて細胞が死ぬと、結果的に癌にならない）、DNA 損傷を修復する遺伝子、トランスフォーム関連遺伝子なども癌の発生あるいは抑制に関係があります。

B. 癌関連遺伝子

機能亢進や発現上昇が発癌につながる遺伝子を癌遺伝子（例：*c-myc*、*k-ras*）、逆に機能低下型や発現低下が発癌につながる遺伝子を癌抑制遺伝子（例：*p53*、*rb*）といいます。癌細胞と正常細胞を融合した細胞が一般に正常形質を示すことから、癌遺伝子が働いても癌抑制遺伝子が正常であれば、癌化が阻止されると考えられます。このことは生体でも同様におき、病理的な癌は複数の癌関連遺伝子の変異や発現異常が積み重なった結果発生すると考えられます（癌の多段階仮説）。

2.4.3　癌ウイルス

ウイルス遺伝子産物が発癌に関連したり、癌関連遺伝子の働きに直接・間接影響する場合、ウイルス感染は癌化の引き金となりますが、そのようなウイルスを癌ウイルスといいます。ある種のヒトの癌は癌ウイルスが原因となっ

表2-1　主なヒトの癌ウイルス

DNA癌ウイルス	関連する癌
ヒトパピローマウイルス（HPV）	子宮頸（けい）癌、皮膚癌 乳頭腫（良性）
B型肝炎ウイルス（HBV）	肝細胞癌

RNA癌ウイルス	関連する癌
ヒトT細胞白血病ウイルス（HTLV-1）	成人T細胞白血病
C型肝炎ウイルス（HCV）	肝細胞癌

ています（**表2-1**）。ヒトの癌ウイルスのうちDNA型としてはヒトパピローマウイルス、B型肝炎ウイルス、EBウイルスなどがあり、RNA型としてはヒトT細胞白血病ウイルス［レトロウイルスの一種のHTLV-1］、C型肝炎ウイルスがあります。いずれもウイルスゲノムが宿主ゲノムに組み込まれるという共通性がありますが、RNAウイルスの場合は途中でRNAからDNAに逆転写され、そのDNAが宿主ゲノムに組み込まれます。

ウイルス発癌の機構はDNA型とRNA型で異なり、DNA癌ウイルスではウイルスの癌遺伝子がつくるタンパク質が細胞の癌抑制タンパク質と結合してその働きを止めます。これに対し、RNA型のレトロウイルスの癌遺伝子は細胞の発癌遺伝子が強力に働くように変異したものです。この場合、ウイルスの癌遺伝子（例：*v-jun*）に相当する細胞の遺伝子を癌原遺伝子（例：*v-jun*に対して*c-jun*）といいます。

2.5 細胞の死

2.5.1 細胞の死に方（表2-2）

細胞は病理的な原因や生理的な理由によって死滅します。皮膚では一定の周期で新しい細胞がどんどん生まれ、古い細胞は死んでいます。細胞死にはいくつかのタイプがあります。細胞小器官の膨潤などがみられる受動的細胞死はネクローシス（壊死）といい、ATP枯渇が引き金になります。火傷（やけど）による細胞死や病理的な原因による細胞死が含まれます。これに対し、細胞自らが死に向かう能動的細胞死がありますが、これはATPを必要とする生理的におこる死で、アポトーシスと非アポトーシスがあります。

表2-2　2種類の細胞死

アポトーシス	ネクローシス
原因	
• 生理的、病理的 • 増殖因子の除去 • 細胞傷害性T細胞の攻撃 • HIV感染、制癌剤	• 非生理的、病理的 • 火傷、毒物、虚血 • 溶解性ウイルス感染 • 放射線照射
過程	
• 細胞体積の縮小 • ヌクレオソーム単位のDNA断片化 • 細胞の断片化	• ミトコンドリアや小胞体の膨潤 • 細胞の膨潤と溶解 • 細胞内容物の流出
特徴	
• 短時間に段階的に進行 • 能動的自壊過程 • ATP要求性 • 多くは遺伝子発現が必要	• 組織内でいっせいに発現 • 長時間に漸次進行 • 受動的崩壊過程

2.5.2　アポトーシスのメカニズム（図2-8）

アポトーシス（自死）は遺伝子内の細胞死プログラムに組み込まれた細胞の死に方で、クロマチン断片化などがおこります。ある種のアポトーシスはいわゆる予定細胞死で、日常的にみられるオタマジャクシのシッポの退縮や落葉のほか、発生や成長にともなう甲状腺の退縮、自己抗原に対するリンパ球の死滅など、多くの生理現象にかかわっています。さらにアポトーシスはウイルス感染細胞の死、癌細胞の死、放射線照射された細胞の死など、病理的にもおこり、さらには腫瘍壊死因子、Fasという受容体に対するリガンド、栄養因子の枯渇によってもおこります。アポトーシスの信号が細胞に入ると、カスパーゼというタンパク質分解酵素が活性化され、それに連動してミトコンドリアからシトクロム *c* が漏れ出し、それがさらにカスパーゼを活性化します。最終的には細胞内のタンパク質が分解されるとともに、DNA分解酵素の活性化がおこってクロマチンも分断されます。

図2-8　人体でアポトーシスのおこっているところ

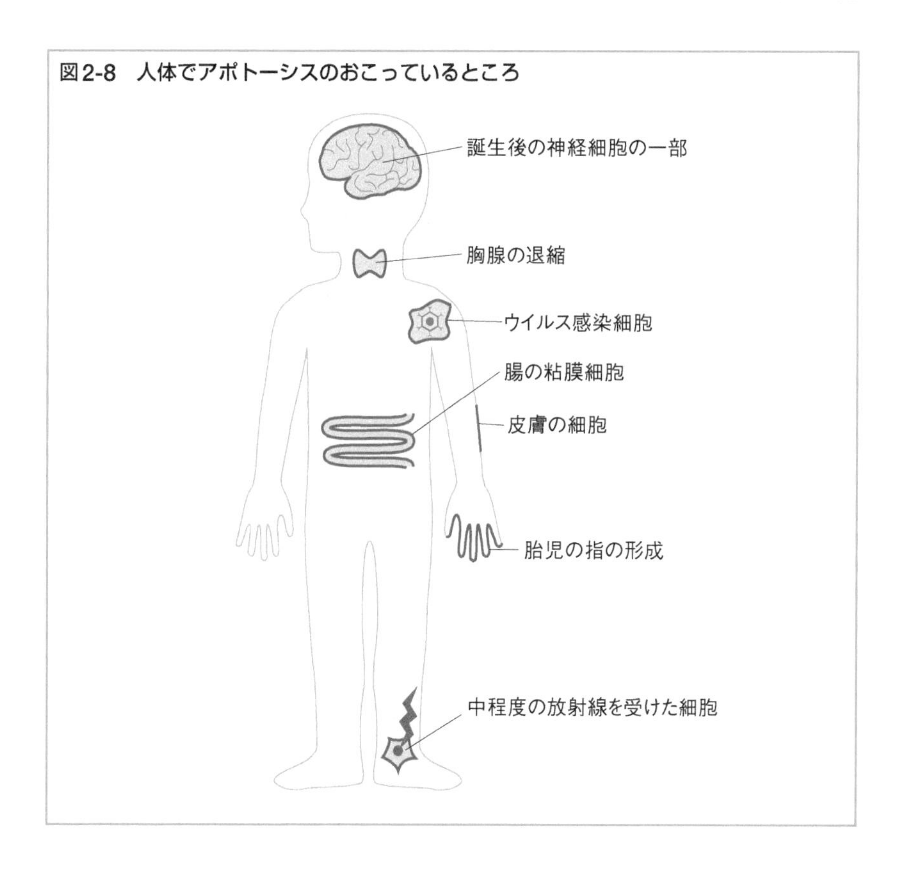

章末問題

1 細胞膜にもっとも豊富に含まれる成分は、糖（糖質）、脂質、核酸、タンパク質のうちどれでしょう。

【答え】脂質（主にリン脂質、このほかにコレステロールなど）

2 植物に特徴的な細胞小器官は何でしょう。

【答え】色素体（例：葉緑体）

3 核の周囲にある迷路のような袋状構造で、その表面にリボソームが多数付着するものといえば何でしょう。

【答え】小胞体

4 赤血球を真水に入れると細胞はどう変化するでしょう。この現象をおこす物理的な力を何というでしょう。

【答え】細胞に水が入って膨らみ、やがて破裂する（溶血する）。物理的力→浸透圧

5 DNA 合成期と細胞分裂期の間の時期を何というでしょう。

【答え】G_2 期

6 では間期とはいつでしょう。

【答え】G_1 期から S 期を経て G_2 期まで

7 真核細胞の分裂を有糸分裂というのはなぜでしょう。

【答え】細胞分裂期、染色体が紡錘糸とよばれる繊維状タンパク質（微小管繊維）で引かれて両極に移動するため

8 遺伝子には癌がおこらないようにするものがあります。それを何というでしょう。

【答え】癌抑制遺伝子

9 予定細胞死などの細胞の自死、およびそれにかかわるタンパク質分解酵素の学術用語は何でしょう。

【答え】アポトーシス、およびカスパーゼ

3章 物質と代謝

生体は、主に炭素を含む分子（有機物）で構成され、それらは大まかに糖、脂質、タンパク質、核酸に分類されます。生体内化学反応（代謝）は常温でも効率よく進むようにタンパク質触媒（酵素）が関与しますが、酵素には基質特異性や生体内での活性調節など、金属触媒にはない特徴があります。代謝は同化や異化を含めて多くの種類があり、またエネルギーの産生と利用にかかわるエネルギー代謝もみられます。エネルギー変換分子としては ATP が用いられます。

3.1 生物を構成する物質

3.1.1 元素と原子

A. 原子の構造（図 3-1b）

自然界はいろいろな種類の元素（例：酸素［O］、鉄［Fe］、リン［P］）からなっています。元素は原子という粒子の状態で存在し、原子核と周囲の電子から構成されます。原子核には陽子と中性子が存在し、元素の種別は陽子数で決まります。原子核は安定ですが、少数の電子が余分に加わったり抜けたりすることができます。陽子はプラスの電荷（電気の値）、電子はマイナスの電荷をもち、異種電荷は引き合い、同種電荷は反発し合います。通常両電荷は釣り合い、正味の電荷はゼロになっていますが、電子の出入りがあると原子全体で電荷をもちます。このような状態をイオンといい、電子が多い／少ない、イオンは陽イオン／陰イオンといいます。

B. 生物に含まれる元素（図 3-1a）

元素は約 120 種類存在しますが、このうち細胞に含まれるものは主に十数

図3-1　元素、原子、分子

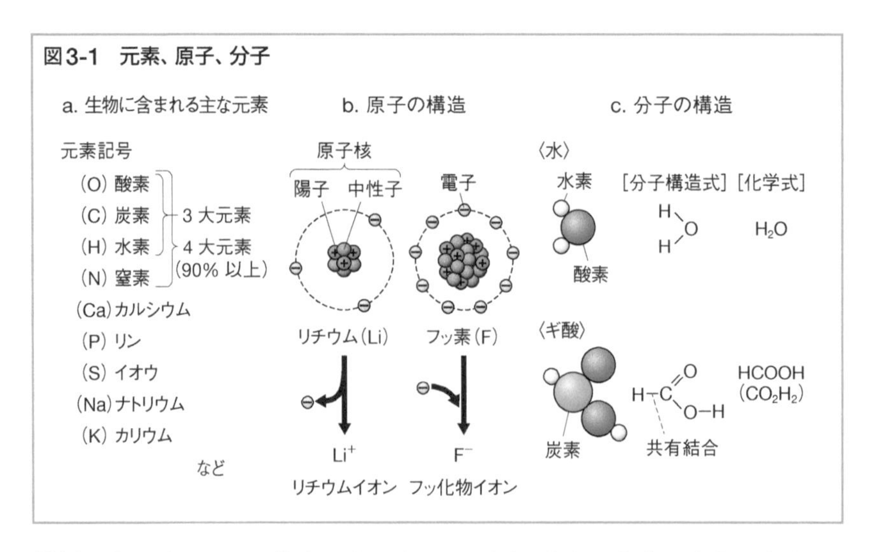

種類です。重さでみた場合、多いものから順に酸素、炭素、水素、窒素で、最初の3種を3大元素といいます。ヒトの場合、次にカルシウム、リン、イオウ、ナトリウム、カリウムと続きます。鉄や亜鉛、マンガン、コバルトなどの微量元素も生理的に重要な働きをしています。

C. 同位元素

元素は中性子数に違いがある場合があり、それらをまとめて同位元素あるいは同位体（アイソトープ）といいます（例：通常［^{12}C］の炭素と、2個中性子が多い［^{14}C］炭素）。同位元素のなかには原子核が不安定なために壊れるものがありますが、その場合には放射線が出ます。放射線を出す性質を放射能といい、そのような元素を放射性同位元素といいます。

3.1.2　分子と化学結合

原子と原子が結合してできる物質を分子といいます（**図3-1c**）。水は2個の水素と1個の酸素が、水素ガスは水素原子が2個結合したものというように、物質のほとんどは分子です。異なる元素からできた分子を化合物といいます。分子のなかには水に溶けてイオンになるものもあり、水自体もわずかに電荷がプラスの水素イオン［H^+］とマイナスの水酸化物イオン［OH^-］に分かれてイオン化しています。純粋な水の水素イオン濃度は1×10^{-7}モル/Lで、これを中性といいます。水素イオン濃度はpHで表現されます。中性は

pH＝7ですが、それより水素イオン濃度が高い状態を酸性（pHは7より低い）、少ない状態をアルカリ性あるいは塩基性といい、そのような性質の物質をそれぞれ酸性物質、塩基性物質といいます。分子は電子を2つの原子核が共有し合う共有結合で安定に結合しています（注：化学記号では短い棒で表す）が、共有結合が変化することを化学反応といいます。これに対し電子どうしの引き合いに起因するゆるい結合（例：イオン間相互作用、疎水結合／疎水性相互作用、水素結合）は熱などで簡単に切断されます。

3.1.3　分子のカテゴリー

A. 有機物と無機物（表3-1）

炭素を含む化合物を有機物あるいは有機化合物、含まないものを無機物あるいは無機化合物といいます（注：ただし二酸化炭素や単体の炭素などは無機物に入る）。かつて「有機物は生物のみがつくる」といわれましたが、尿素などは非生物的にもつくられ、この考えは正しくありません。ただ天然の有機物中の炭素原子は、植物が光合成によってつくった糖類に起源をもった

表3-1　ヒトの体の中に存在する分子

<table>
<tr><th></th><th>分類</th><th colspan="2">例</th></tr>
<tr><td rowspan="12">有機物</td><td rowspan="3">含窒素化合物</td><td>アミノ酸</td><td>グリシン、アスパラギン酸、グルタミン酸、オルニチン</td></tr>
<tr><td>タンパク質</td><td>アルブミン、グロブリン、ヘモグロビン、アクチン</td></tr>
<tr><td>塩基など</td><td>アデノシン、ヒポキサンチン、チミン、尿素、ヘム</td></tr>
<tr><td rowspan="3">糖（質）</td><td>単糖</td><td>グルコース、フルクトース、リボース</td></tr>
<tr><td>少糖</td><td>マルトース、スクロース</td></tr>
<tr><td>多糖</td><td>セルロース、グリコーゲン、デンプン</td></tr>
<tr><td rowspan="3">脂質</td><td>脂肪酸とそのエステル</td><td>パルミチン酸、プロスタグランジン、中性脂肪、ロウ</td></tr>
<tr><td>複合脂質</td><td>リン脂質、糖脂質</td></tr>
<tr><td>ステロイドなど</td><td>コレステロール、ステロイドホルモン、胆汁酸</td></tr>
<tr><td rowspan="2">ヌクレオチドと核酸</td><td>ヌクレオチド</td><td>アデノシン、ATP、GTP、イノシン</td></tr>
<tr><td>核酸</td><td>DNA、RNA</td></tr>
<tr><td colspan="2" style="display:none"></td></tr>
<tr><td rowspan="3">無機物</td><td colspan="2">無機塩類（イオンなど）</td><td>ナトリウム*、カリウム*、塩素*、リン酸カルシウム</td></tr>
<tr><td>気体</td><td colspan="2">二酸化炭素、一酸化炭素、酸素、一酸化窒素</td></tr>
<tr><td>その他</td><td colspan="2">水、ヨウ素、塩酸、アンモニア</td></tr>
</table>

＊ 主にイオンとして存在する

め、有機物が生命活動と深い関連をもつことに変わりはありません。

B. 高分子と低分子

分子の大きさは分子量で表します。分子量は原子量（例：酸素＝16、鉄＝56。12の炭素を基準とした相対値のため、単位はつけない）の合計の整数となります。分子量が約10,000より小さなものを低分子、それ以上のものを高分子といいますが、高分子（例：タンパク質、DNA）は基本的に低分子が多数連なった重合分子です。分子名にポリ（多い）とついた場合は低分子が数十個以上連なった高分子を意味し（例：ポリヌクレオチド→DNAやRNA）、オリゴ（少ない）とついた場合は重合度が2～数十個程度の小分子を表します。

3.2 生物にみられる有機物の種類

3.2.1　糖

A. 糖とは（図3-2a）

数個の炭素と、水素、酸素からなり、多くの水酸基とアルデヒド基あるいはケトン基をもつものを糖、あるいは糖質といいます（注：栄養学では炭水化物ともいう）。主な役割はエネルギー源ですが、細胞構成要素としても使われます。アルコール類（例：エタノール）や糖アルコール（例：キシリトール）も糖の仲間です。

B. 単糖、オリゴ糖、多糖

糖の基本形を単糖といい、主要なものは炭素数が5と6のもので、前者には核酸の成分になるリボースが、後者には基本の糖となるグルコース（ブドウ糖）のほか、フルクトース（果糖）など多くのものが含まれます。単糖が数個結合したものをオリゴ糖（少糖）といい、スクロース（ショ糖［砂糖］：ブドウ糖－果糖）、マルトース（麦芽糖：2×ブドウ糖）、ラクトース（グルコース＋ガラクトース）といった二糖類もここに含まれます。栄養食品のオリゴ糖は天然多糖類を適度に加水分解した混合物です。単糖、オリゴ糖は水によく溶け、甘味を呈するものもあります。多糖にはグルコースが重合した貯蔵栄養のデンプンやグリコーゲン、細胞構成成分のセルロースなどがあります。

C. そのほかの糖

単糖誘導体（例：*N*-アセチルグルコサミン）を含む多糖として種々のグルコサミノグリカン（例：コンドロイチン硫酸、ヒアルロン酸）や、寒天の成分であるアガロースなどがあります。糖が糖以外のものに結合したものを複合糖質（糖タンパク質、糖脂質）といいます。細胞膜にあるタンパク質や血中タンパク質、粘液中の粘性物質や分泌タンパク質などにはおおむね糖鎖が結合しており、さらに細胞の周囲にはタンパク質の結合した糖鎖が厚い層（プロテオグリカン凝集体）をつくっています。

3.2.2　脂質

水に溶けにくく、有機溶剤に溶けやすいものを脂質といい、エネルギー物

図3-2　糖や脂質の構造

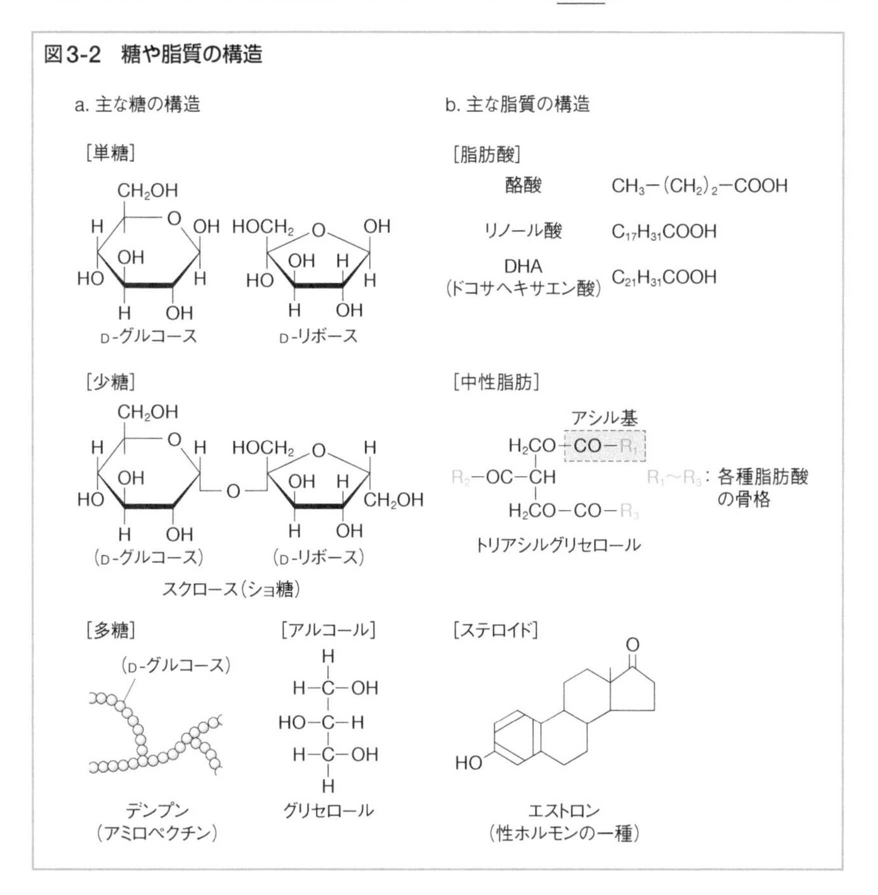

質になるほか、細胞構成成分、ホルモンやビタミン、細胞調節因子などに使われます（**図 3-2b**）。

A. 脂肪酸

もっとも単純な構造をもち、ほかの脂質合成の前駆体となる脂質に脂肪酸があります。脂肪酸は直鎖状の炭素骨格の末端に酸の性質を示すカルボキシル基が結合します。炭素どうしの結合に二重結合をもつ不飽和脂肪酸（例：炭素数 18 のリノール酸）はもたないものに比べ、液体になる性質が強くなります。食用油でも不飽和脂肪酸の少ない天ぷら油は、不飽和脂肪酸の多いサラダ油と違って冷蔵庫で固まります。健康面から注目される DHA（炭素 22 個）や EPA（炭素 20 個）も不飽和脂肪酸です。

B. 単純脂質と中性脂肪

グリセロールに脂肪酸が最大 3 個まで結合したものが中性脂肪という代表的な単純脂質です。動植物の油脂のおもな成分で、エネルギー源となり、また貯蔵脂質にもなります。アルコールに脂肪酸が結合したものは蝋（ろう）（ワックス）といいます（例：ミツバチなどがつくる蜜蝋（みつろう））。

C. それ以外の脂質

脂質分子内に脂質以外のものが結合したものを複合脂質といい、リン脂質（例：ホスファチジルコリン）や糖脂質があります。複数の環状構造をもつステロイドのなかにはコレステロールや種々のステロイドホルモン（例：性ホルモン）などが含まれます。植物のつくる芳香物質（例：メントール）や有色野菜の色素（例：カロテンやリコピン）、そのほかのビタミン E やビタミン K といった脂溶性ビタミンも脂質の仲間です。

D. 血液中の脂質

血液が脂質を運ぶ場合、脂質を水に溶けた状態にするために、タンパク質を脂質に結合させてリポタンパク質という微粒子の形態をとります。リポタンパク質は中性脂肪やコレステロールを含みますが、いくつかの種類があり、役割も異なります。このうちの LDL（低密度リポタンパク質）は肝臓から出されるコレステロールを含む粒子で、血中コレステロールを増やす「悪玉」といわれますが、HDL（高密度リポタンパク質）はコレステロールなどを肝臓に戻して血中濃度を下げる働きがあり、「善玉」といわれます。この判断は血中コレステロールが動脈硬化などの原因になっているという考え方に基づいています。

3.2.3 アミノ酸とタンパク質

A. アミノ酸の性質

炭素骨格に塩基の性質をもつアミノ基（$-NH_2$）と、酸の性質をもつカルボキシ基（−COOH）をもつものをアミノ酸といい、タンパク質構成要素にもなります（**図 3-3a**）。アミノ酸自身が生理活性物質になる場合やほかの物質の材料となることも少なくありません。タンパク質構成アミノ酸は同じ1個の炭素原子にアミノ基とカルボキシ基、水素、そしてアミノ酸に特異的な原子団である側鎖が結合していますが、これらはL型といわれる立体配置

図3-3　アミノ酸とペプチド結合

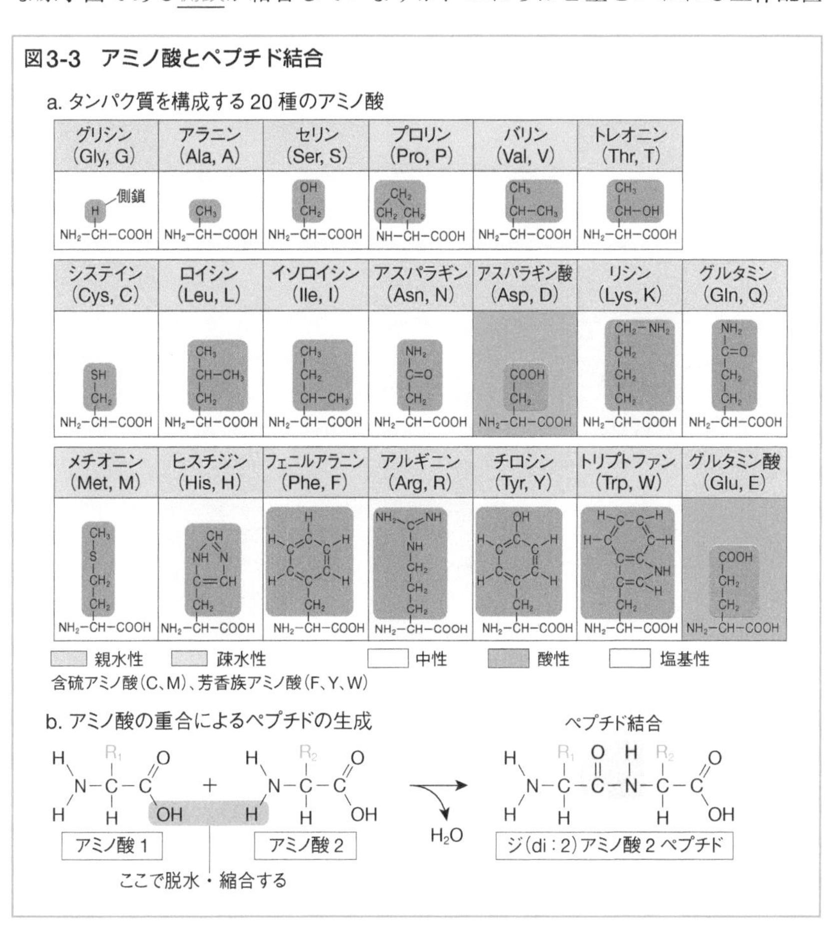

をとります。アミノ酸の性質の違いは側鎖によって異なります。アミノ酸は水に溶けてイオンとなり、酸と塩基の両方の性質を示します。

B. タンパク質

20種のアミノ酸が遺伝情報に従って連結した高分子がタンパク質で、何重にも折りたたまれて高次構造をとることにより機能が発揮されます。複数個のタンパク質がゆるく結合してより大きなタンパク質になる場合、個々をサブユニットといいます。タンパク質には酵素、細胞構成、調節、ホルモン、運搬、運動など多様な役割があります。アミノ酸どうしの結合様式をペプチド結合（**図 3-3b**）というので、タンパク質の鎖はポリペプチドともいいます。アミノ酸重合数が数十個以内のオリゴペプチドには、多くの生理活性物質が含まれます（例：貝毒、成長ホルモン）。

3.2.4　ヌクレオチド

RNAやDNAといった核酸の基本構成要素をヌクレオチドといい、塩基とリボース［RNA用］（あるいはデオキシリボース［DNA用］）とリン酸基からなります（リン酸基のないものはヌクレオシド）。塩基はプリン骨格をもつもの（例：アデニン［A］、グアニン［G］）とピリミジン骨格をもつもの（例：ウラシル［U：RNA専用］、チミン［T：DNA専用］、シトシン［C］）に分けられ、リン酸基は3個までつくことができます（**図 4-4**（p.55）参照）。名称は略語でよばれ、たとえばシトシンをもつヌクレオシド［シチジンという］に3個［tri］のリン酸［P］がついたシチジン三リン酸はCTPといいます（リン酸が2個［di］や1個［mono］の場合はTの代わりにそれぞれDやMと記載）。リボースの代わりにデオキシリボースをもつ場合は頭にdをつけます。G、A、T、Uをもつヌクレオシドはそれぞれグアノシン、アデノシン、チミジン、ウリジンといいます。

3.3　化学反応と酵素

3.3.1　化学反応の進み方と触媒

化学反応は物理法則に従って進みます。A + Bが反応してC + Dとなる場合は、できたC、Dが元のA、Bに戻る逆反応もおこり、いずれはあるところで平衡に達して反応はみかけ上停止します。反応がどちらに傾いているかは正逆の速度の比である平衡定数で決まり、平衡定数は反応の種類、温度、圧力で決まります。酸素と水素から水を合成する場合、平衡は水ができる方向に偏ってはいますが、ただ混ぜただけでは水はできず、分子にエネルギー（活性化エネルギー）を与える（例：加熱する）必要があります（**図 3-4a**）。ただこの反応も、白金粉末を加えると常温でも水ができます。白金には活性化エネルギーを下げる作用がありますが、このような物質を触媒といい、反応速度を上げますが、反応の前後で変化しません。ただし触媒は反応の平衡には影響しないので、逆反応も促進します。金属触媒は多くの反応に効果を発揮し、温度が高いほど反応がさらに進むという特徴があります。

3.3.2　タンパク質触媒：酵素

生体内という低い温度で反応を効率よく進めるために触媒は不可欠ですが、生物がそのために使うものがタンパク質触媒の酵素です（**図 3-4a**）。ただ一部の酵素は RNA からなり、リボザイムといわれます（例：tRNA 前駆体の不要部分を切断する RN アーゼ P に含まれる RNA）。酵素には金属触媒にはない特徴が多数あります。まず酵素が熱に弱いタンパク質であるため、最大の効果が出る至適温度（通常は体温）があります（**図 3-4b**）。次に酵素には作用できる反応と作用できる物質（これを基質という）に特異性があり、それぞれ反応特異性と基質特異性といいます。酵素分子中の触媒にかかわる部分を活性中心といい、酵素反応ではまずここに基質が結合しますが、基質以外のものがそこに結合すると本来の反応が阻害されます。活性中心以外に物質が結合し、結果的に酵素活性が低下あるいは上昇する場合があります（アロステリック効果、**図 3-4c**）が、この性質は生体内での酵素活性の調節に利用されます。たとえば A → B → C → D という D をつくる反応のそれぞれの酵素が①、②、③だった場合、D が①のアロステリック部位に結合して活性を抑えることがあります。この現象はフィードバック阻害といい、物質を必要以上につくらせない機構として重要です。

3.3.3　酵素の種類

酵素を反応の種類により大きく 5 種類に分けることができます（**図 3-4d**）。

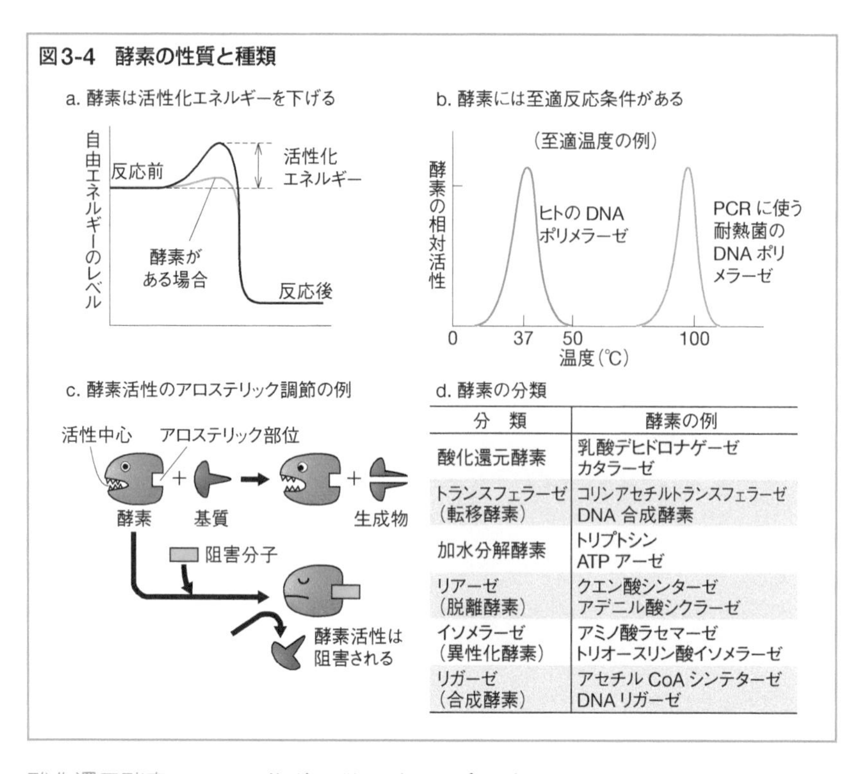

分　類	酵素の例
酸化還元酵素	乳酸デヒドロナゲーゼ カタラーゼ
トランスフェラーゼ（転移酵素）	コリンアセチルトランスフェラーゼ DNA 合成酵素
加水分解酵素	トリプトシン ATP アーゼ
リアーゼ（脱離酵素）	クエン酸シンターゼ アデニル酸シクラーゼ
イソメラーゼ（異性化酵素）	アミノ酸ラセマーゼ トリオースリン酸イソメラーゼ
リガーゼ（合成酵素）	アセチル CoA シンテターゼ DNA リガーゼ

図3-4　酵素の性質と種類

酸化還元酵素は2つの基質の間で電子の受け渡しに関与します（電子が奪われることが酸化、つくことが還元で、両者は共役する［同時におこる］）（例：乳酸脱水素酵素）。転移酵素はある化学基を別の分子に移します（例：ヒストンアセチル基転移酵素）。加水分解酵素は水分子を使って分子を分割する働きをもち、アミラーゼ、トリプシンといった消化酵素もここに含まれます。脱離酵素は基質から加水分解や酸化によらずにある化学基を除く酵素です（例：ピルビン酸脱炭酸酵素）。異性化酵素は分子の構造変換をおこないます（例：グルコースイソメラーゼ）。リガーゼは合成酵素やシンテターゼという名称でもよばれ、ATP の加水分解に共役して2つの分子を結合します（例：DNA リガーゼ）。酵素の名称は基質名＋反応名＋アーゼ（-ase）と付けられますが、慣用名（例：カタラーゼ）をもつものも少なくありません。

3.3.4　活性発揮に必要な物質

酵素には活性に金属を必要とするものがありますが、活性化に低分子の有機化合物を必要とする場合はそれら低分子を補酵素といいます。補酵素が酵素と強く結合している場合、それを補欠分子族といいます（例：カルボキシル化にかかわるビオチン）。補酵素は酵素としてではなく、基質のひとつとして作用します。補酵素は特定の化学基や原子を受けとることができ、逆反応によって元の形に戻ります。乳酸から水素を除いてピルビン酸にする反応にかかわる乳酸脱水素酵素は補酵素としてNAD（ニコチンアミドアデニンジヌクレオチド）が必要です。乳酸が酸化されてピルビン酸になる場合は乳酸にある水素がNADに移されて（つまりNADが還元されて）NADHができます。ピルビン酸が還元されて乳酸となる逆反応では、NADHはNADに酸化されます。酸化還元にかかわる補酵素にはNADリン酸やFAD（フラビンアデニンジヌクレオチド）などもあります。NADはビタミンとして知られるナイアシンであり、またアミノ基を運ぶ補酵素のピリドキサルリン酸はビタミンB_6であるなど、水溶性ビタミンには補酵素として働くものが含まれます。

3.4 代謝：生体内の物質変化

3.4.1 代謝とは：エネルギーの流れ

生体内でおこる化学反応を代謝といいます。消化管は「体外」とみなすことができるので、消化管での消化を代謝と区別する場合があります。生命活動に必須ではない副産物（例：細菌がつくる抗生物質、植物のつくる芳香物質）をつくる代謝は二次代謝といいます。代謝を物質の合成、分解、変換を

図3-5 代謝の概要とエネルギーの移動

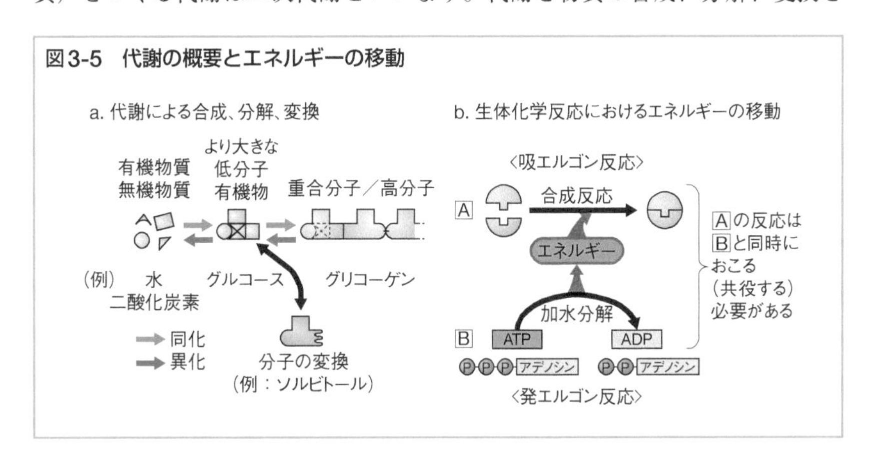

主目的とする物質代謝と、エネルギー（自由エネルギー）の産生（例：酸化還元反応による NADH 合成、ATP 合成）、変換や利用（例：ATP を使っての運動や発光）を主目的とするエネルギー代謝に分けて考えることができます（**図 3-5**）。物質代謝の目的を、低分子を元により大きな分子を合成する同化、物質の化学構造の変換、そして物質の低分子化である異化に分けることもできます。ある目的のためのまとまった一連の代謝を代謝系といいます。

3.4.2　代謝におけるエネルギーの移動

大きな分子は小さな分子に比べ、内包するエネルギーが大きいですが、このことは大きな分子を合成するためには活性化エネルギー以上のエネルギーを供給する必要があることを意味します。代謝においてエネルギーが供給される反応を吸エルゴン反応、エネルギーを放出する反応を発エルゴン反応といいます（**図 3-5b**）。発エルゴン反応は自発的におきますが、吸エルゴン反応がおこるためには発エルゴン反応が同時におきる（共役する）必要があります。グルコースとリン酸からグルコース 6–リン酸ができる吸エルゴン反応の場合、ATP が ADP に加水分解される反応が共役します（☞加水分解で発生した自由エネルギーを利用してリン酸がグルコースに結合できる）。生体の大部分の吸エルゴン反応は ATP 加水分解という発エルゴン反応と共役しますが、クレアチンリン酸や補酵素 A の加水分解が共役する場合もあります。

3.4.3　ATP はエネルギー授受のための通貨

リン酸基の加水分解で発生するエネルギー量は、ホスホエノールピルビン酸の加水分解では約 62 kジュール/モル（kJ/M）、クレアチンリン酸では 43 kJ/M、ATP から ADP では 31 kJ/M、二リン酸が無機リン酸になる場合は 19 kJ/M です。一般に 25 kJ/M 以上のエネルギーを出すものを高エネルギー物質といい、物質合成のための吸エルゴン反応に利用されます。ATP よりも放出エネルギー量が大きな分子もありますが、ATP は合成されやすく、かつ分解によるエネルギー放出も大きいなど、利用しやすいという特徴があります。ATP → AMP 反応（リン酸が 2 個まとめて除かれる反応）の場合は ATP → ADP 以上に大きな（46 kJ/M）エネルギーが放出されますが、この反応は DNA 合成や RNA 合成といったヌクレオシド三リン酸を材料にした核酸合成反応を効率的に進めるのに利用されます。

ATPの加水分解エネルギーを必要とするものには合成、運搬、運動、発光、調節、分子構造変換があります。必要なエネルギーはなんらかの特異的発エルゴン反応から直接供給されるのではなく、ATPという分子を介しておこなわれることから、ATPはエネルギー授受の貨幣のような役割をもっているといわれます。

3.4.4　糖代謝の基本である解糖とその周辺の代謝

グルコースから順次異化されて乳酸に至る代謝を解糖、その経路を解糖系といいます（**図3-6**）。炭素数6のグルコースはまずグルコース6-リン酸（G6P）になり、途中段階では2分子のグリセルアルデヒド3-リン酸（☞炭素数3）ができ、それが数段階の代謝を経てピルビン酸、そして乳酸となります。この過程で2分子のATPのほか還元型補酵素NADHもできるので、エネルギー代謝の意義もありますが酸素は不要です。G6Pは肝臓において別

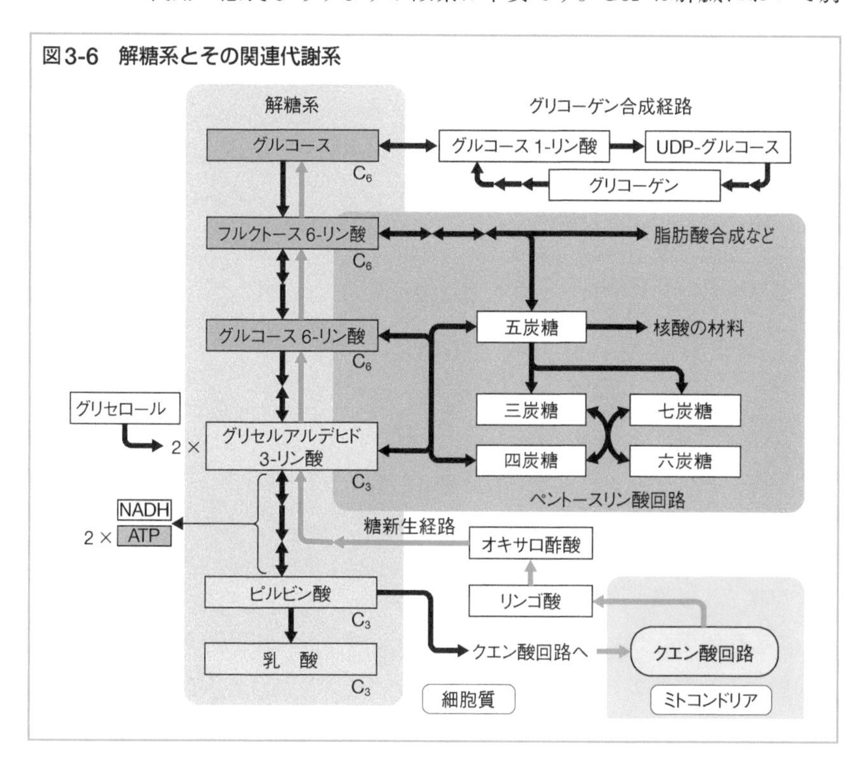

図3-6　解糖系とその関連代謝系

図3-7　主な発酵経路

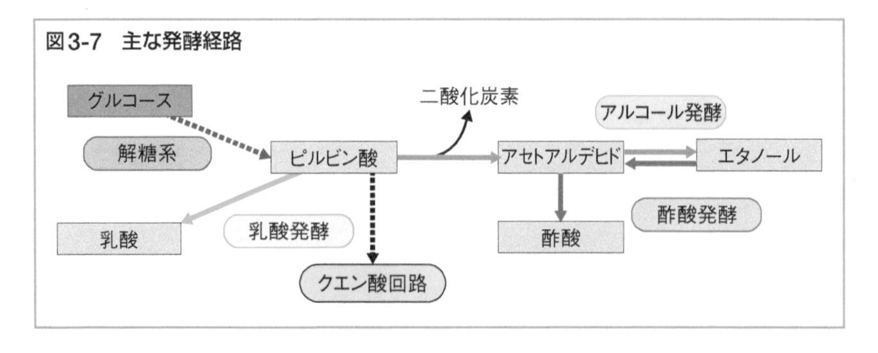

経路に入り、グルコース重合体のグリコーゲンとなって貯蔵されます。糖が必要になるとグリコーゲンが加水分解され、体内にグルコースが供給されますが、この経路はグルカゴンなどの血糖上昇ホルモンで刺激されます。G6Pはこのほか、ペントースリン酸回路という代謝系にも入りますが、回路を回る間に、脂肪酸合成に必要なNADPHや核酸合成に必要なリボースの誘導体がつくられます。血中グルコース量が不足すると、ミトコンドリアのクエン酸回路でつくられるリンゴ酸が細胞質に出て解糖系の途中物質であるホスホエノールピルビン酸となり、それが解糖系を逆行してグルコースができますが、この代謝系を糖新生といいます。有酸素的にエネルギーを得る呼吸に対し、微生物が酸素を使わないでエネルギーを得る機構を発酵といいます。発酵では副産物として有用な有機物ができますが、その種類によってアルコール発酵、乳酸発酵、酢酸発酵などの種類があります。乳酸発酵は解糖系と同等で、アルコール発酵はピルビン酸までは解糖系と同じです（**図3-7**）。

3.4.5　ミトコンドリア内での代謝

A. クエン酸回路

糖はミトコンドリアでも代謝されます。解糖系でできたピルビン酸は有酸素環境でミトコンドリアに入り、補酵素A（CoA）の作用でアセチルCoAとなり、それがオキサロ酢酸の作用でクエン酸になります。クエン酸はさまざまな物質に変換されてオキサロ酢酸になり、これがまたクエン酸に戻るので、この代謝系をクエン酸回路（TCA回路、クレブス回路）といいます（**図3-8**）。ピルビン酸がこの回路を経由することにより、高エネルギー物質GTPと複数の還元型補酵素が産生され、副産物として二酸化炭素（注：呼気中の

図3-8　クエン酸回路と酸化的リン酸化

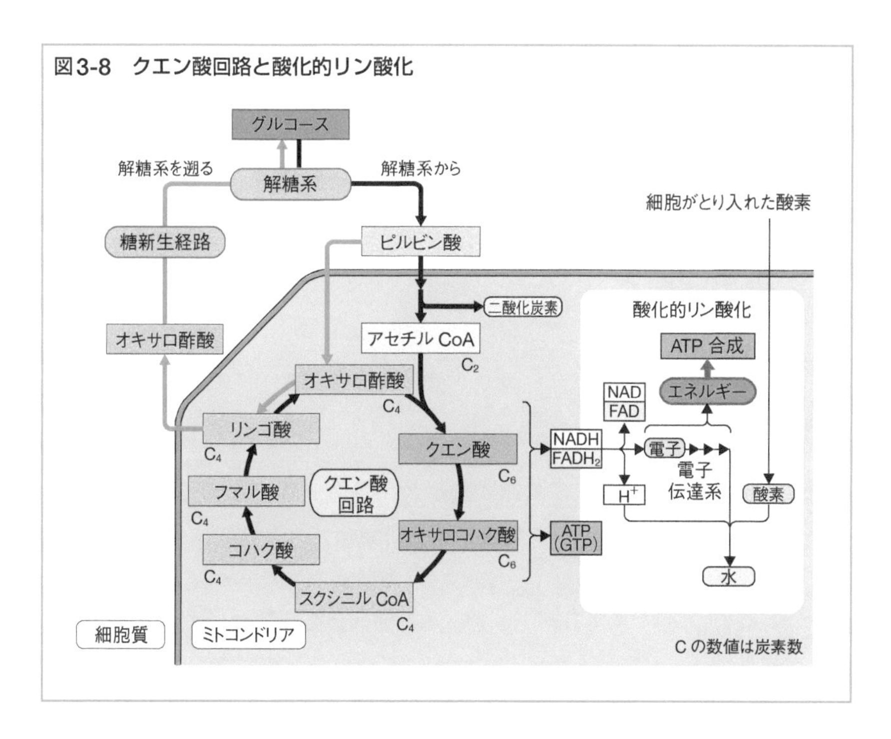

二酸化炭素はこれに由来する）も生成します。

B. 酸化的リン酸化

細胞質やミトコンドリアで産生された還元型補酵素中の水素はミトコンドリア内膜で水素イオンと電子に分かれます。電子はそれを受け取る別の分子に渡り、それが酸化されるときに別の分子に電子を渡します。このようにして電子はミトコンドリア内膜にある複数の分子やタンパク質複合体中の分子（例：シトクロム *c*）を経て、最終的にはミトコンドリア内部（マトリックス）に入った酸素に渡り、それが水素イオンと結合することにより水ができます。この電子移動を電子伝達系（あるいは呼吸鎖）といいますが、ヒトなどの好気性生物がエネルギー獲得のために酸素を使うのはこのためです。できた水は代謝水あるいは酸化水といわれ、乾燥した環境で生きる動物の生命維持にも利用されます。電子伝達系と共役するタンパク質複合体はマトリックス中の水素イオンを内膜と外膜の間にくみ出しますが、その水素イオンがマトリックスに戻るときにATP 合成酵素を活性化し、ADP とリン酸から ATP がつくられます。以上のような経路で ATP をつくる機構をまとめて酸化的リン酸化といいます。ミトコンドリアでつくられるATP量は解糖系に比べ格段に多く、グルコース1分子当たり約30個になります。

ワンポイント「ATP生合成の様式」

ATP合成には酸化的リン酸化や解糖系でみられる基質レベルのATP合成のほか、**10.3節**（p.147参照）で述べる光合成による合成（光リン酸化）があります。

3.4.6　脂質代謝

栄養としてとった中性脂肪は脂肪酸とグリセロールに加水分解され、グリセロールは解糖系で代謝されます。一方脂肪酸はアセチルCoAが結合したあとでミトコンドリアに入り、β酸化という方式で順次炭素が短くなって多数のアセチルCoAがつくられ、それがクエン酸回路で代謝されます。脂肪は糖に比べてカロリーが高いといわれますが、これは分子当たりつくられるアセチルCoAの量と還元型補酵素の量が多いためです。脂肪酸異化が進んでアセチルCoAが過剰になると、ケトン体（例：アセト酢酸）が合成されますが、ケトン体は筋肉や脳に運ばれ、エネルギー源として利用されます。脂肪酸の合成は分解の逆反応ではなく、補酵素NADPHの存在下、アセチルCoAにマロニルCoAが連結して進みます。中性脂肪はCoA結合脂肪酸とグリセロール3-リン酸から、ホスファチジン酸（PA）を経て組み立てられますが、PAはリン脂質合成の前駆体にもなる物質です。コレステロールは肝臓でアセチルCoAからつくられ、ステロイドホルモンや胆汁酸はコレステロールからつくられます。

3.4.7　窒素化合物の代謝

生物はアンモニアを有機物に結合させてアミノ酸やヌクレオチドを合成する窒素同化をおこなうことができ（注：ヒトが合成できなかったり［ロイシン、イソロイシン、トレオニン、バリン、リシン、メチオニン、フェニルアラニン、トリプトファン］、極端に不足する［ヒスチジン］必須アミノ酸は栄養としてとる必要がある）、またそれらを異化してアンモニアに戻すこともで

図3-9　窒素化合物の代謝の例

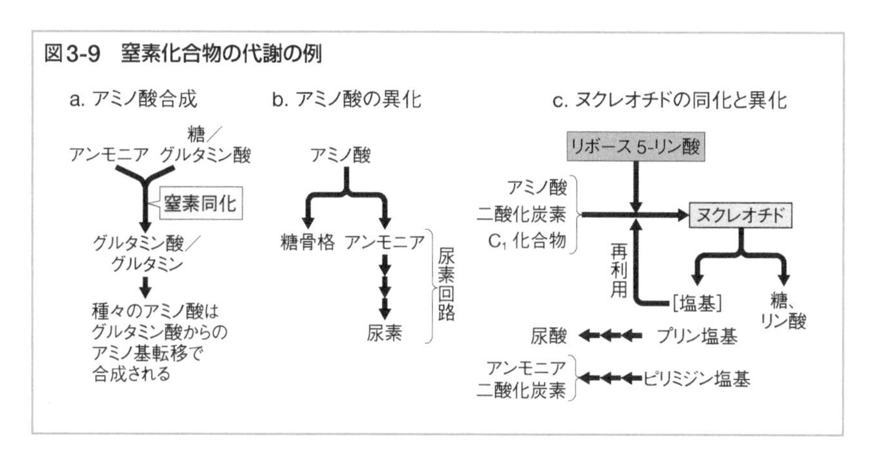

きます（**図3-9b**）。窒素同化でつくられるアミノ酸はグルタミン酸かグルタミンです。一方、植物とある種の細菌は硝酸イオンからアンモニアをつくることができ、さらにある種の微生物（例：ラン藻、豆科植物の根瘤（こんりゅう）に共生している窒素固定菌）は空気中の窒素をアンモニアにすること（窒素固定）もできます。アミノ酸異化経路の酵素に先天的な欠陥があると、アミノ酸やその誘導体が体内に多量にたまり、先天性代謝異常症（例：フェニルアラニン代謝異常症のアルカプトン尿症やフェニルケトン尿症）を発症します。窒素の最終異化産物であるアンモニアには強い毒性があるため、陸上に棲む動物はアンモニアを毒性の弱い尿酸や尿素（☞前者はは虫類と鳥類、後者は哺乳類でみられる）に変換して排出します。アンモニアを尿素にする代謝は肝臓の尿素回路を使っておこなわれます。

ヌクレオチドはアミノ酸やリボース5-リン酸などから新生合成されます（**図3-9c**）。プリン塩基の合成はヒポキサンチン塩基をもつイノシン一リン酸を経由し、ピリミジン塩基の合成はウリジンリン酸を経由してつくられます。細胞が死ぬと塩基がヌクレオチドから離れ、プリン塩基は尿酸となり、ピリミジン塩基は二酸化炭素とアンモニアになって排出されます。生物には塩基を再利用してヌクレオチドを組み立てる代謝経路もあり、これをヌクレオチド新生合成に対しヌクレオチド再利用経路といいます。核酸を多く含む食品（例：レバー、白子）を大量に摂取するとプリン塩基に由来する尿酸の血中濃度が上がり、それが針状の沈殿となって関節などを冒す痛風という病気になる場合があります。

章末問題

1 原子どうしの結合を大別するとどうなるでしょう。

【答え】①強い結合（➡共有結合）　②弱い結合（➡イオン間相互作用、疎水結合／疎水性相互作用、水素結合、ファン・デル・ワールス力）

2 炭素数5個の糖と6個の糖、そしてこのような糖が2個結合した二糖の例をあげてください。

【答え】炭素5個：リボース。炭素6個：グルコース、フルクトース。二糖：スクロース、ラクトース、マルトースなど。

3 中性脂肪とはどのようなものでしょう。

【答え】グリセロールに脂肪酸が最大3個まで結合したもの。

4 化学反応促進のためのタンパク質性触媒を何というでしょう。この物質の「基質特異性」とは何でしょう。

【答え】酵素。反応物質「基質」とそれに作用する酵素の組み合わせが決まっているという性質。

5 異化と同化について説明しましょう。

【答え】合成代謝を同化、分解代謝を異化という。前者はエネルギー供給が必要で、後者はエネルギーの放出がみられる。

6 解糖とは何でしょう。

【答え】グルコースが酸素を使わないで細胞質内で順に異化され、その過程でエネルギーが取り出される（ATPがつくられる）代謝経路。最終産物は乳酸。

7 ATPは細胞内でどのようなときに利用されるでしょう。

【答え】生物がエネルギー通貨として用いる典型的高エネルギー物質。分子の変換、酸化的リン酸、光合成でつくられ、同化、運動や運搬、発光などで利用される。RNA合成にも使われる。

8 哺乳類の窒素化合物中の窒素の最終異化物質は何でしょう。

【答え】尿素

4章 遺伝とDNA

遺伝は遺伝子によっておきます。メンデルによって基礎がつくられた遺伝学は、遺伝物質 DNA の発見を経て現代生物学につながりました。二重らせん構造をもつ DNA は半保存的に複製されます。DNA は校正能をもつ酵素により正確に、半連続的に合成されますが、まれに複製ミスや何らかの原因で塩基配列が変化し、変異をおこすことがあります。このほか細胞内では DNA の損傷やその修復、さらには組換えといった現象もしばしばみられます。

4.1 遺伝のしくみ

4.1.1 古典的遺伝学：メンデルの法則

子が親に似る遺伝は生物の重要な特徴ですが、自然界では茶色のイヌどうしの交配で白や黒のイヌが生まれたりもします。遺伝に決まりごとがあるかどうか、昔はまったくわかっていませんでした。交配によって生まれた子を解析するという実験をおこない、その結果を理論化した人物、それが19世紀の遺伝学者メンデルです。彼は自家受粉（めしべに同一個体の花粉がつく）が可能なエンドウを使い、いろいろな形質（形や性質）の品種の間で受粉させました（**図4-1**）。丸い種としわの種という形質を対比させ（この関係を対立形質という）、その間の交配ではすべて丸になることから、この雑種一代（最初の子孫）で出る形質を顕性*、隠れる形質を潜性#としました。

上の現象は顕性の法則といわれます（これまでは＊は優性、＃は劣性という用語が使われていた）。次に上でできた丸の種を植え、得られた種の丸としわの比率をみると、3：1となりますが、これを分離の法則といいます。この現

図4-1　メンデルの法則による遺伝［エンドウを使った実験の例］

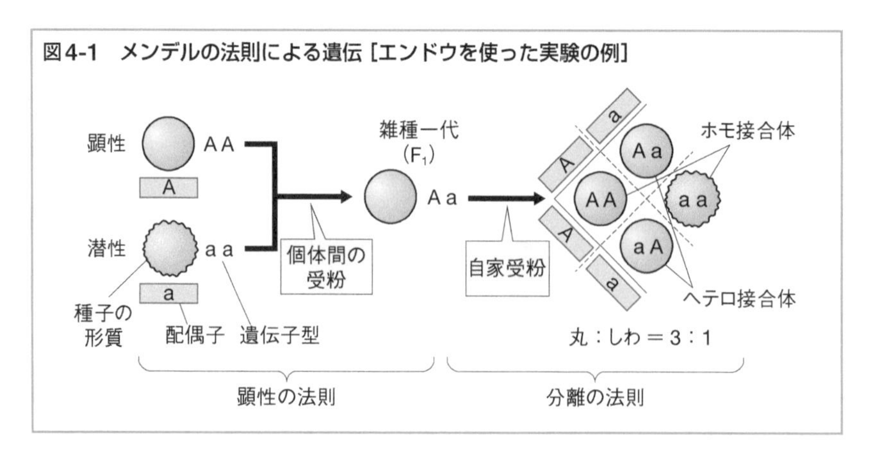

象は受精に関与する2つの細胞（配偶子という）である卵と花粉にある対立形質遺伝子である対立遺伝子の一方が含まれ、受精によってできた細胞（接合子ともいう）に両方が入り、顕性の遺伝子は1個であっても（ヘテロ接合という）形質が出るが、潜性の遺伝子は2個そろって（ホモ接合という）初めて表現形が出ると考えれば説明がつきます。メンデルは形質決定に関して細胞がもつ要因を遺伝子と名づけましたが、遺伝子は混ざり合わず、変化したり、消えたりしないと考えられました。このため、別の対立遺伝子と組み合わせた実験をおこなっても、それぞれに関し、上の法則は成立します（独立の法則）。ただし、2遺伝子の遺伝子座（染色体上の遺伝子の位置）が同じ染色体上にある場合は連鎖し（挙動をともにする）、独立性は失われます。

4.1.2　メンデル遺伝のバリエーション

メンデル遺伝とは染色体にある遺伝子に関する遺伝で、遺伝現象の大部分が説明できます。ただ生物にはメンデル遺伝に合わないかのようにみえる遺伝現象もみられます。顕性形質の発現に十分な遺伝子産物が必要な場合は、ヘテロ接合体では中間雑種が出る場合があります（例：赤い色をつくる遺伝子の場合、ヘテロ接合体で色が桃色になる）。致死遺伝子は、遺伝子がホモ接合になると致死になって子どもが生まれません。対立遺伝子が3個以上（複対立遺伝子）の組み合わせでおこる遺伝もあり、ABO式血液型などでみられます。ある遺伝子がほかの遺伝子の機能に関連する場合は（例：抑制、活性化）、メンデルの法則が成立しないかのような複雑な現象がおこります。性染色体の構成は雄と雌で異なるため（例：ヒトでは男はXY、女はXX)、性染色体にある遺伝子の場合は伴性遺伝（ばんせい）という遺伝形式をとります（例：色覚異常の潜性遺伝子はX染色体にあり、症状が男性に出やすい)。

4.1.3　メンデル遺伝に合わない場合

A. 細胞質遺伝

卵細胞側からの要因でおこる遺伝現象を母性遺伝といいます。細胞質にあるミトコンドリアや葉緑体中のDNAにある遺伝子はこの遺伝形式をとりますが、この場合はとくに細胞質遺伝といいます。卵と受精する植物の精核や動物の精子には核以外の部分が実質的にはほとんど含まれず、細胞質に由来する遺伝は細胞質を豊富にもつ卵にある細胞小器官に依存します。受精前の卵にあるタンパク質が原因でおこる遺伝現象を母性効果といいます。

コラム　体細胞変異

癌（がん）細胞は変異で生じた無限増殖細胞ですが、親が癌でも子も癌になるとは限りません。このような後天的におこる局所的変異を体細胞変異といい、ほかにヒトのほくろや白斑、植物の枝変わりなどがあります。変異が遺伝するには変異が生殖細胞にある必要があります。

B. 遺伝子自体の変動

遺伝子の構造が偶然変化し、予想外の形質が生じることがありますが、その典型的な現象が変異（突然変異ともいう)(**4.6節**（p.62）参照）です。他方、DNA中には、ある場所からほかの場所へ移動するトランスポゾンというDNAが含まれる場合がありますが、このDNAの移動によって遺伝形質が予想外に変化する場合もあります（例：トウモロコシの不均一な色の種子の出現（**図4-2**))。

4.2　遺伝物質は何で、どういう働きがあるのか

4.2.1　遺伝子は核にある

遺伝子の条件として、安定な物質でその量が配偶子で半分になり、受精に

図4-2　トランスポゾンによるトウモロコシの種の色の不均一性

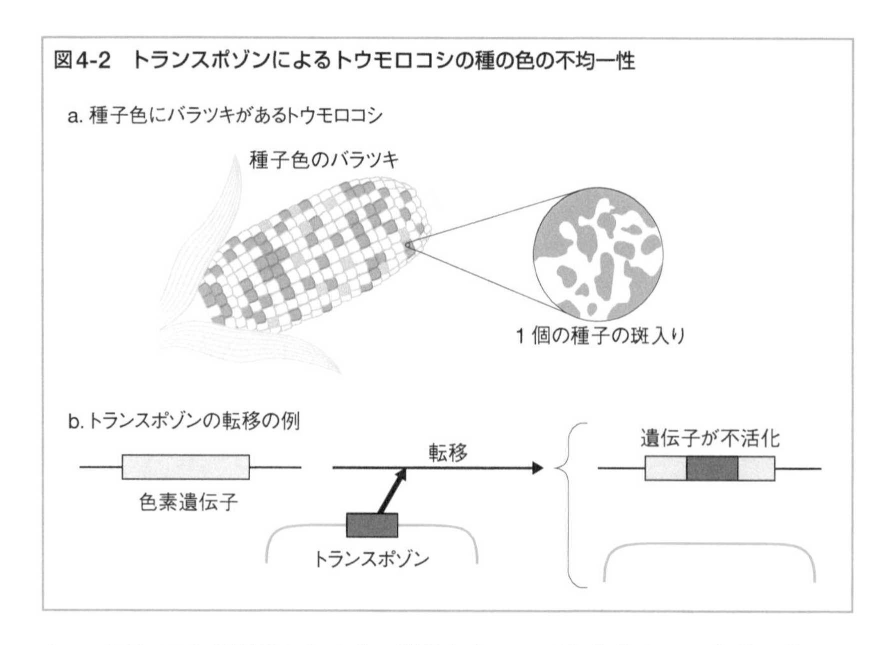

よって元に戻る必要があります。細胞においては染色体がこの条件に合っており、また精子の大部分が高度に凝集した染色体であることなどから、まず遺伝子の染色体説が提唱されました。染色体という名称は色素で染まりやすいことから命名されました。化学分析の結果、真核生物の染色体はDNA（デオキシリボ核酸）とタンパク質からできていることがわかりました。DNAは核に含まれる代表的な酸性物質（☞核酸）で、物質的にも比較的安定で、細胞当たりの量は精子では正確に半分になります。

4.2.2　遺伝子＝DNA

20世紀の前半、遺伝子はタンパク質なのかDNAなのかという論争がおこりました。当初は多彩な機能をもつタンパク質に分がありました。グリフィスは、ハツカネズミ（マウス）に肺炎をおこす強毒性の肺炎球菌を熱で殺し、それを弱毒菌と混ぜてマウスに注射しました（**図4-3a**）。するとマウスが肺炎で死に、血中には強毒菌がみられました。この現象は、強毒菌から遺伝情報が弱毒菌に移動し、菌の性質を変えたと説明できます。上の結果を受け、アベリーは強毒菌の抽出物を弱毒菌に混ぜてから細菌を培養したところ、強毒菌が増殖してきました（**図4-3b**）。しかし試料をDNA分解酵素で処理する

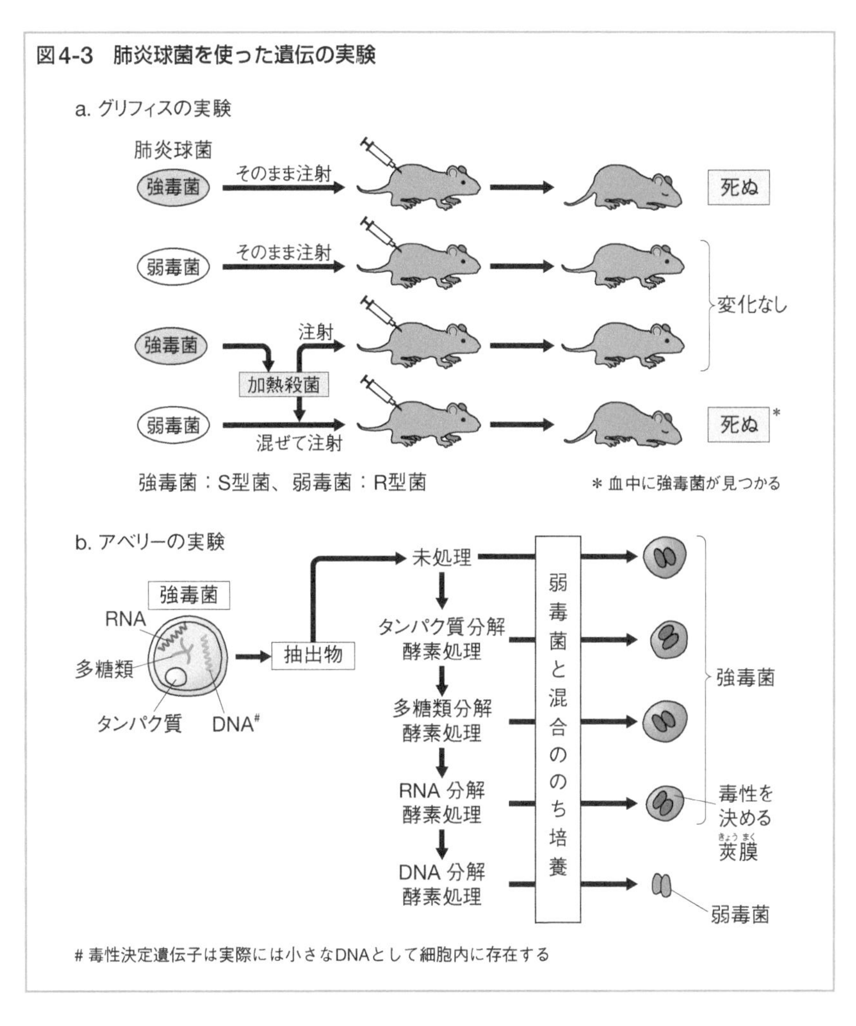

とこの現象がみられなくなることから、遺伝物質のDNA説が有力になっていきました。その後DNAに放射能の目印をつけたバクテリオファージ（細菌ウイルス）を細菌で増やすという実験で、増えた子ウイルスのDNAに親DNAにつけた目印が残っていたことから（ハーシーとチェイスの実験）、遺伝子物質＝DNAが確定しました。

4.2.3　遺伝子は何をしているのか

典型的な遺伝子は特異的なタンパク質をつくることがわかっています。このことは、あるアミノ酸を加えないと生育しないアカパンカビにはある酵素(☞タンパク質の触媒）を欠くという発見（ビードルとテータムの実験）や、鎌状赤血球貧血という病気では、赤血球中のβグロビンというタンパク質のアミノ酸配列が変化しているという事実から明らかにされていきました。ただタンパク質がRNAからつくられ、また現在ではタンパク質のような機能をもつRNAの存在もわかっていることから、「遺伝子は機能をもつRNAをつくる」といったほうが正しいのかもしれません。DNA、RNA、タンパク質は直接の遺伝情報をもつので、情報高分子といわれます。

4.3 核酸：DNA/RNAの構造

4.3.1 DNAは鎖状分子：DNAの化学構造

核酸の構造を、DNA（デオキシリボ核酸［deoxyribonucleic acid］）を中心にみていきます。ヌクレオチド分子中、デオキシリボースの炭素の位置は1′〜5′の5か所ですが、リン酸基は5′炭素についています（**図4-4a**）。このリン酸基が別のヌクレチドの3′の水酸基（－OH）との間で結合して、ヌクレオチドが連結します。ヌクレオチドどうしの結合様式をリン酸ジエステル結合といいます。連結したヌクレオチドの3′-OH部分には5′-リン酸をもつ新たなヌクレオチドがさらに連結することができます。このような反応が次々におこると鎖状の分子ができますが、これがDNAです（**図4-4b**）。鎖状DNAには末端がありますが、5′にリン酸があった側を5' 末端、3′の水酸基が残っている側を3' 末端といいます。DNAはこのように方向性をもつ分子ですが、5′末端や3′末端の位置は、DNAの代謝や構造を考えるうえで重要です。

4.3.2 DNAは二重らせん構造をもつ

A. DNA構造解析

上で述べたDNA鎖は一本鎖ですが、細胞にある天然のDNAは二本鎖で安定に存在していることが、20世紀の半ば、ウィルキンスによって明らかにされました。この二本鎖がどのような状態で結合しているのかを明らかにしたのはワトソンとクリックです（1953年)。彼らはDNAの構造を特殊な方法で解析し、二本の鎖が塩基を内側に結合し、さらにその全体が右巻きになっている

図4-4　DNAの構造

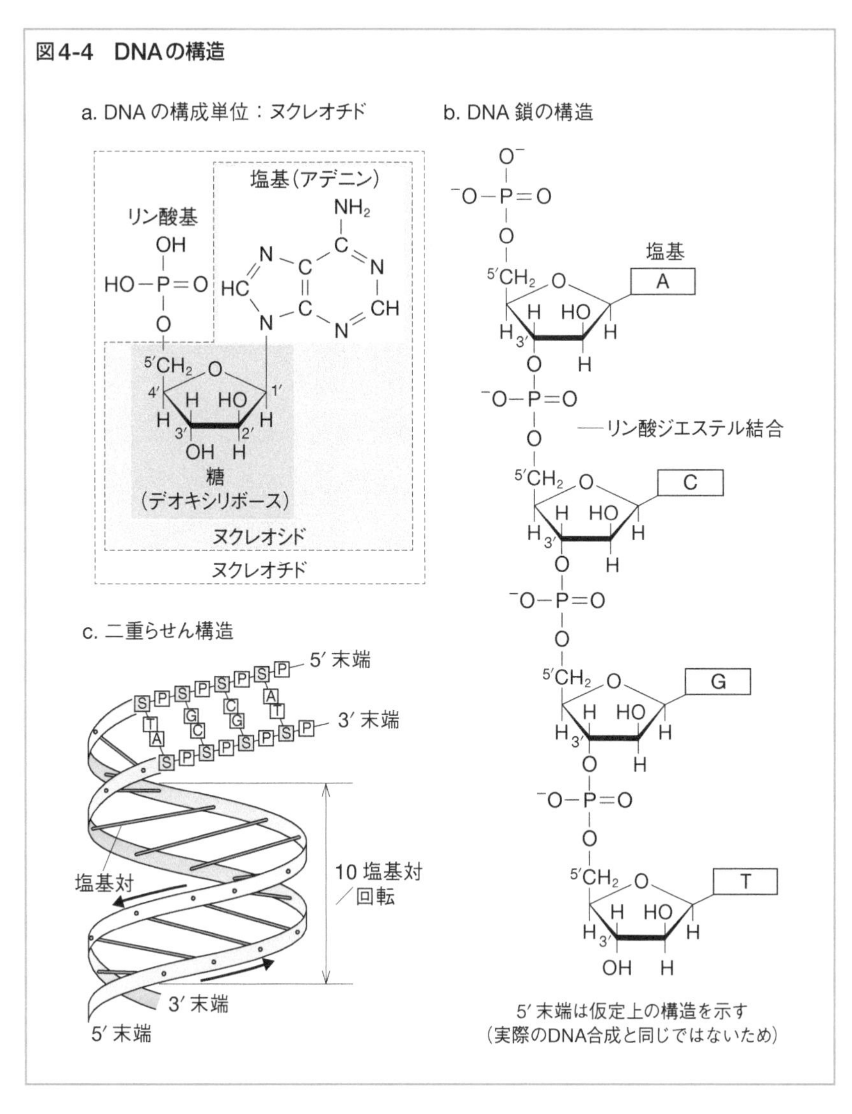

ことを明らかにしました。この構造を二重らせん構造といいます（**図4-4c**）。

B. 二本鎖DNAの構築

塩基と塩基が水素結合でゆるく結合したものを塩基対といいます（☞そのため塩基対は切れやすい）。塩基対がどうできるかについては、シャルガフの法則が参考にされました。これはどのような生物でもAとT（アデニンとチミン、**3.2.4項**（p.38）参照）の量は等しく、またG + AとC + Tの量も等しいなどというもので、結果的に塩基対はA：T、C：Gとなっていることが明らかになりました。DNA鎖はどれも骨格は同じですが、塩基の並び（塩基配列）がそれぞれ異なるため、塩基配列に遺伝情報があることがわかります。DNAの二本鎖の方向性は一方が5′→3′であれば他方は3′→5′となります。塩基対形成に関して一方の鎖の塩基配列が決まれば他方の塩基配列も自動的に決まりますが、このことを相補性といいます。

C. さまざまな形態のDNA

一般にDNAは二本鎖線状ですが、自然界にはそれ以外のDNAも存在します。ミトコンドリアや葉緑体のDNA、原核生物のゲノムDNAは二本鎖環状です。細菌細胞内のプラスミドという小さなDNAは細胞に有利な性質を与えるので細胞と共存していますが、これも二本鎖環状です。細胞に感染し、増殖するとともに細胞を殺すものにウイルスがありますが、ウイルスDNAの形態には一本鎖環状などさまざまなものがあります。

4.3.3　RNAはDNAに似た一本鎖核酸

RNA（リボ核酸）も、［リボ］ヌクレオチドからなる線状分子で、DNAと類似する分子ですが、DNAとの本質的な違いとして糖がリボースである点、チミン（T）の代わりにウラシル（U）を使う点があります。RNAは通常一本鎖として存在しますが、分子内の相補的配列どうしで短い二本鎖構造をつくりやすいという性質があります（☞Aに対してはUが対合する）。

4.4　DNAの特性と合成反応

ここではDNAの物理化学的特性と、合成反応について解説します。

4.4.1　DNAの変性と二本鎖形成反応（アニーリング）

DNAの二本鎖は水素結合でゆるく結合しているため、加熱や水素結合切断薬剤で簡単に一本鎖に分かれます。この現象をDNAの変性といい、およそ60℃から変性しはじめ、90℃以上でほぼ完全に変性します（**図4-5**）。他方、加熱で一本鎖となったそれぞれのDNAは、温度を下げることにより、元の鎖との間での塩基対が復活して二本鎖に戻ることができます。一本鎖DNA中のある部分に相補的な配列をもつ一本鎖核酸も、その部分で結合して二本

図4-5　DNAの変性と二本鎖形成

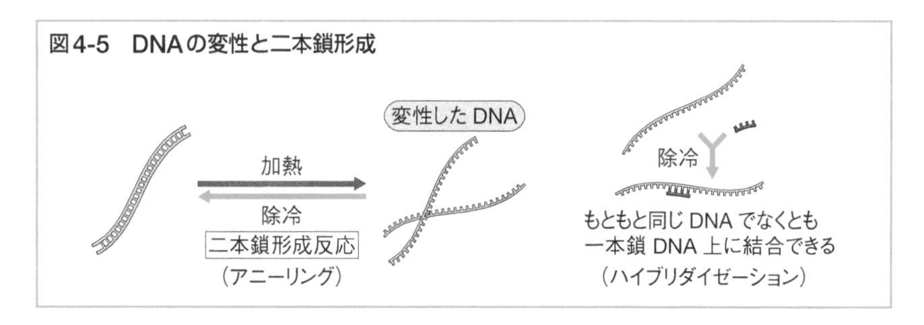

鎖になります。このように異種であっても2個の核酸が二本鎖を形成することを核酸のハイブリダイゼーションといい、DNA−RNA間、RNAどうしでもおこります。この性質は試験管内DNA合成反応などに応用されます。

4.4.2　DNA合成酵素：DNAポリメラーゼ

A. 酵素の種類

DNAを合成する酵素を総称してDNAポリメラーゼ（DNA pol）といい、コーンバーグによって初めて大腸菌から発見されました。その後さまざまなDNA polが発見されましたが、それぞれの酵素は役割分担をもっています（例：通常のDNA複製、損傷部分のDNA合成）。

B. 酵素反応機構

DNAポリメラーゼは三リン酸型のデオキシヌクレオチド（dNTP ☞ dTTP、dGTP、dCTP、dATP）を材料に、鋳型鎖に相補的なヌクレオチドを鋳型の上で連結しながらDNA鎖を3′の方向に向かってつくります（**図4-6**）。ただDNA polはゼロから新規にDNAを合成することはできず、鋳型上にすでにあるDNAかRNAの3′末端にヌクレオチドをつけ足す反応しかしません。こ

図4-6　DNAポリメラーゼによるDNA鎖伸長

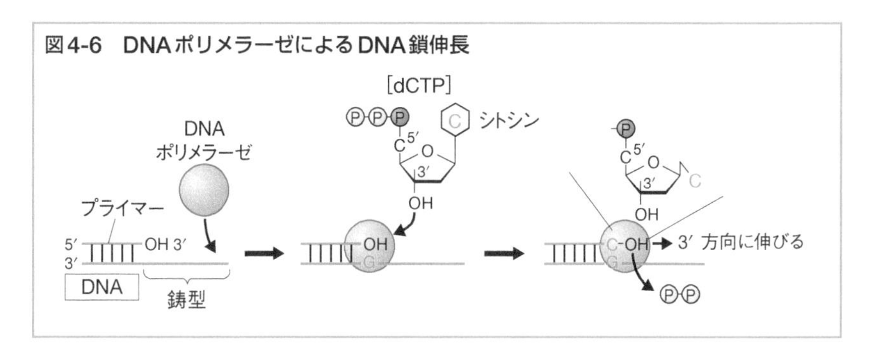

のときの反応の引き金になる鋳型上の核酸をプライマーといいますが、細胞では短いRNAが使われます。

C. 逆転写酵素

RNAを鋳型にDNAを合成するユニークなDNA polのひとつに逆転写酵素があります。転写と逆の流れをもつためこうよばれ、RNAウイルスの一種であるレトロウイルス（例：エイズをおこすHIV-1）から最初に発見されました。RNA依存DNA合成酵素ともよばれます。

4.4.3　DNAポリメラーゼの利用：PCR

マリスによって開発された試験管内DNA合成法で（1993年ノーベル賞）、90℃でも活性が失われない耐熱性DNAポリメラーゼを使い、反応液には鋳型DNA、基質dNTPのほか、DNAのある2点の配列に相当するプライマーとしてのオリゴヌクレオチドを加えます。これらを90℃で熱してDNAを変性させ、続いて60℃にしてプライマーを鋳型に結合させ、それを70℃にすると酵素がプライマーを起点にDNAを合成します。再度90℃にすると、合成されたDNAがプライマーともども鋳型から離れるので、また60℃→90℃として次のDNA合成を進められます（**図4-7**）。この操作を30回ほどおこなうことにより、元のDNAを2^{30}倍に増やすことができます。プライマーの位置を設定することにより、任意のDNA領域を短時間に増幅できるこの手法をPCR（ポリメラーゼ連鎖反応［polymerase chain reaction］）といい、代表的な試験管内DNA増幅法として広く利用されています。PCRはいろいろな分野で利用されており、またいくつかの発展形があります（**14.1.6項**（p.203）参照）。

図4-7　PCRの概要

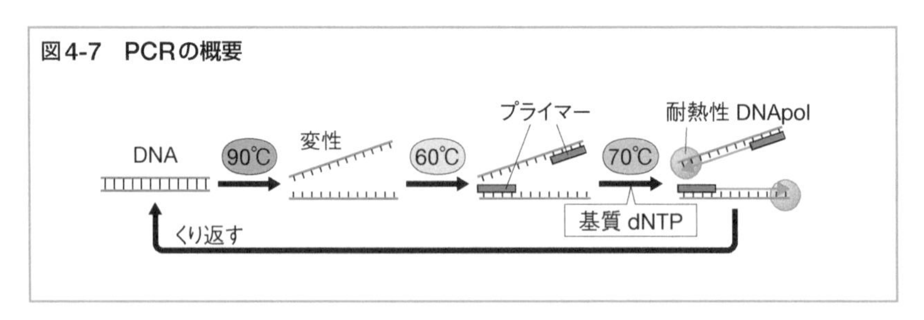

4.5 細胞内での DNA の複製

4.5.1 複製の基本

細胞内での DNA 複製は 1 か所の複製起点（*ori* という遺伝子名で表される）からはじまり、最後まで一気に進みますが、1 個の複製起点とそれで複製される領域を合わせた複製単位をレプリコンといいます。細菌の環状ゲノム DNA やプラスミドは複製起点が 1 個ですが、真核生物の線状ゲノム DNA は染色体 DNA 上にいくつもの複製起点があります。真核生物の細胞増殖は細胞周期に従って進み（**2.3 節**（p.23）参照）、DNA 合成は S 期でおこりますが、細胞は増殖因子がないと S 期には入りません。

A. 半保存的複製

複製では、元（親）の DNA が変性し、それぞれに相補的な DNA が合成されて 2 つの娘 DNA となる半保存的複製がおこります（**図 4-8a**）。半保存的複製は重い元素を使って調製した重い DNA をもつ大腸菌を通常の元素を含む培地で増殖させると、一度分裂した細胞の DNA はすべて中間の重さになり、分裂を重ねるたびに中間のものが減り、軽い（通常の）重さのものが増えていくというメセルソンとスタールの実験から確認されました。

B. 両方向複製

複製が複製基点からおこる場合、最初に複製起点部分の DNA が変性して泡のような形（複製の泡）ができ、それが左右に広がっていきますが、同時に DNA 合成もおこるため、複製は複製基点から両方向に進むことになります（**図 4-8b**）。変性部分はその形から複製のフォークといいます。

図 4-8　DNA 複製の様式

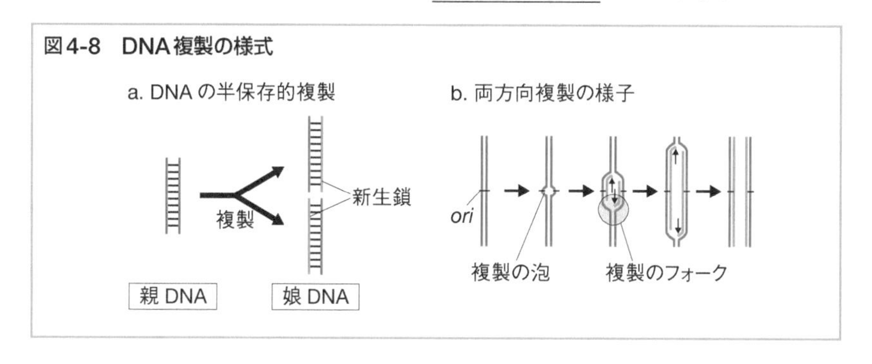

4.5.2　不連続複製の発見

複製のフォークでの変性した2本の鋳型DNAをみると、一方の鋳型上での新生DNA（リーディング鎖）の合成方向が5′→3′なのに対し、他方の新生DNA（ラギング鎖）は3′→5′へ進むことになり、DNA合成の法則に反してしまいます。この分子生物学上の問題を解決した人物が、岡崎令治博士です。岡崎は、ラギング鎖ではまず短いDNAができ、それが時間とともに長い分子に変化するという観察から、「ラギング鎖では最初に短いDNA（岡崎断片）がフォークの進行とは逆の3′の方向に合成され、それがつながってひとつながりの新生DNAになる」という不連続DNA合成仮説を提唱し、やがてその考えが正しいことが証明されました。リーディング鎖ではフォークの進行方向と同じ方向に連続的にDNAが合成されるため、両鎖を合わせると、DNAは半連続的に複製されるということができます（**図4-9**）。

図4-9　複製のフォーク付近でみられる半連続DNA複製

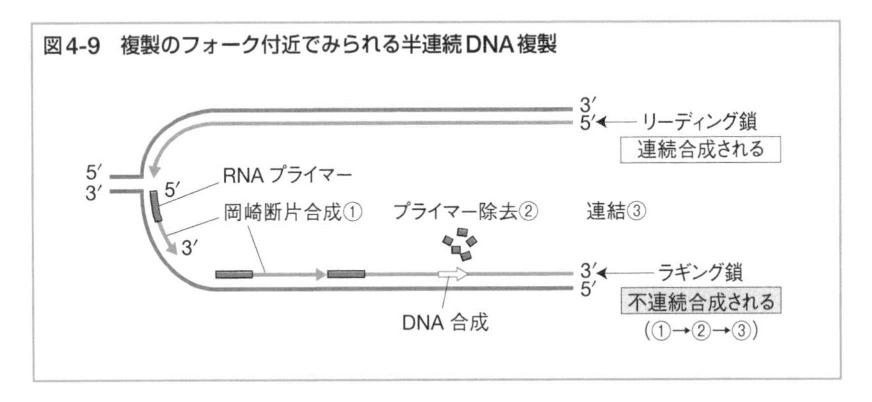

4.5.3　DNAポリメラーゼの優れた能力：校正能

DNA polはそのままだと約0.1%の確率で間違ったヌクレオチドをとり込んでしまい、このことが変異のひとつの原因となり（**4.6.1項**）、「生物は突然変異をおこす」という生物の特徴にもつながります。0.1%という不正確さは決して無視できません。そこでDNA polは、間違ってとり込んだヌクレチドを少し戻ってとり除き、そのあとDNA合成を再開するという挙動をとります。この校正能によって間違い頻度は極めて低く抑えられることになりますが、この作用はDNA polがもつエキソヌクレアーゼという活性によります。

つまり、酵素は複数の酵素活性をもつことを意味します。

4.5.4　複製の末端問題とテロメラーゼ

A. 複製におけるプライマー

複製ではプライマーとしてRNAが使われます。これはRNA合成酵素は何もないところからDNA鋳型上にヌクレオチドを連結できるからです。なおRNAプライマーは複製が完了する前にDNAに変換されます。ただラギング鎖の最後のDNA断片をつくる課程では、最末端のRNAプライマーはDNAに変換されないために複製されず、DNA複製のたびに短縮することになります。これを線状DNA複製の末端問題といいます（**図4-10a**）。末端のない環状DNAの複製ではこのような不都合はおきません。

B. テロメラーゼ

真核生物ゲノムの末端はテロメアというくり返し配列を含む分解されにくい特別な構造をもち、染色体末端を安定に保っていますが、ここにも末端問題が及び、細胞分裂のたびにテロメアが短くなっていきます。細胞には短縮したテロメアを復元するテロメラーゼという酵素があってこの問題を解決しています（**図4-10b**）が、通常の細胞はこの活性が弱く、細胞はテロメア短

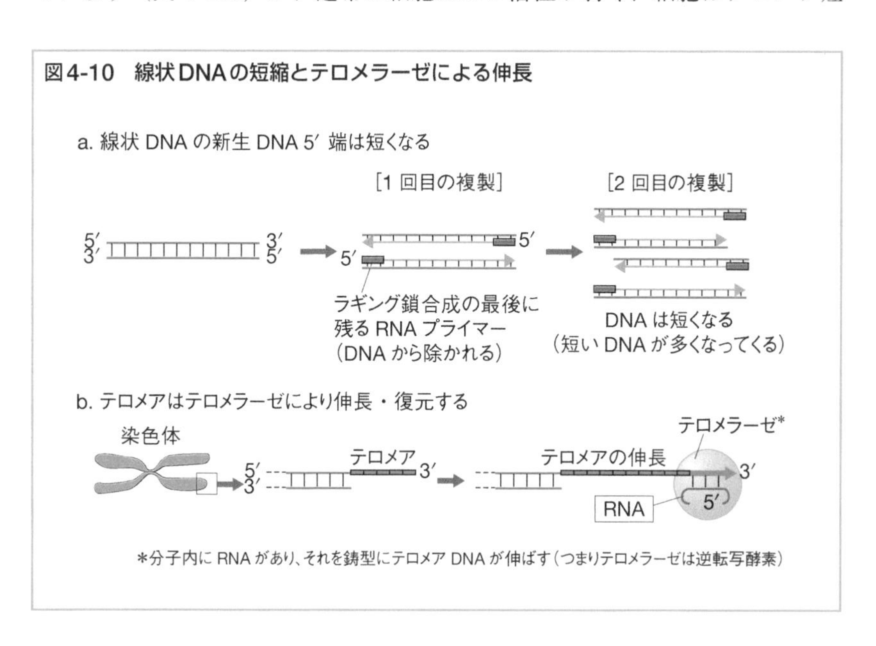

図4-10　線状DNAの短縮とテロメラーゼによる伸長

縮によりある程度分裂したらそれ以上分裂できません。これを細胞の複製寿命といいます。不死化している癌細胞や生殖細胞はテロメラーゼ活性が高いことが知られています。

4.6 DNA 構造の変化

4.6.1　変異（図 4-11）

A. 表現型からみる変異

変異あるいは突然変異（mutation）という用語は、以前は目視や測定ですぐわかる（例：色素を欠く。特定の酵素を欠く）親と明らかに異なる個体が予期せず出現するという局面で使われていました。mutation はメンデルを再発見したド・フリースがオオマツヨイグサ（マツヨイグサが巨大化した種）の研究で初めて記載されましたが、「突然変異」は今でも明瞭な変異形質をもつ個体の出現に関する一般的用語として使われます。ただ変異には親との違いがあまり認められないものもあり、形質による変異の判断規準は論理的とはいえません。なお栄養や環境の違いで大きな／小さい個体が出現する環境変異は遺伝しませんし、前述した後天的に体の一部が変異した体細胞変異（例：ほくろ）も個体レベルでは遺伝しません。

B. 分子レベルでとらえる変異と遺伝

上記のような理由から変異を明解に定義する必要がありますが、現代生物学では「変異は DNA 塩基配列の変化」と単純化しています。このため、遺伝子以外や遺伝子内でも非コード領域などに生じた変異ではそれが遺伝子産物に影響しないため、形質に反映されません。RNA ウイルスゲノムの塩基配列の変化も変異といいます。変異によって形質が変化する機構は、形質に直結する遺伝子産物の変化（例：構造・機能の変化。産物ができない）以外にも、当該遺伝子発現にかかわる調節遺伝子の変異などもあります。メンデル遺伝における潜性遺伝子（劣勢遺伝子）は、関連する顕性遺伝子の産物がつくられないように変異した遺伝子と考えることができます。

C. 変異のメカニズムとその誘因

変異にはある塩基がほかの塩基に変化した点変異、ある長さのヌクレオチドが増える／減る挿入変異／欠失変異があり、時として染色体レベルの大規

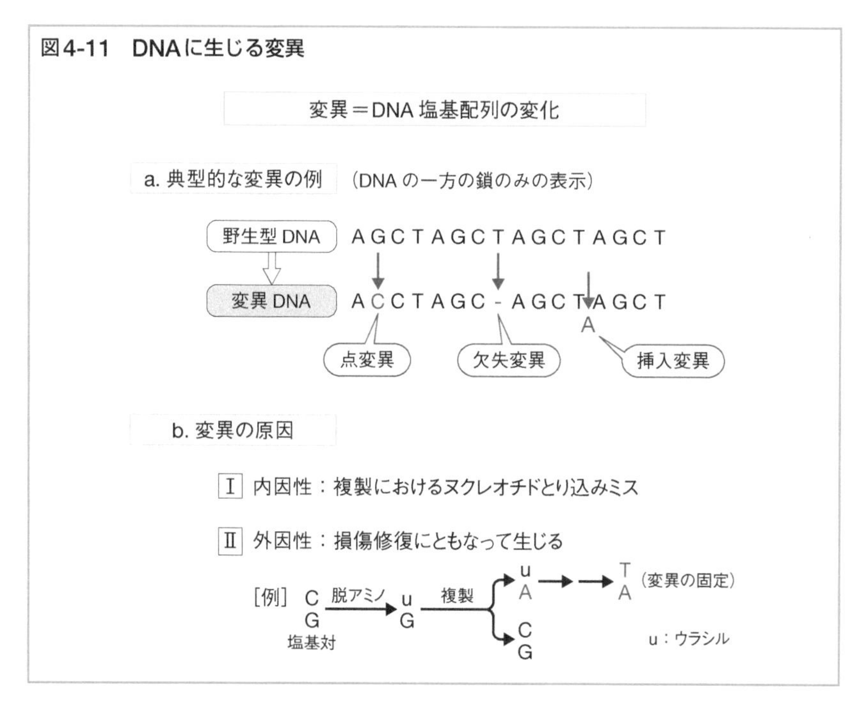

模な変化（染色体異常）もみられます。変異がタンパク質コード領域に発生するとタンパク質の構造が変化したり、適切につくられなかったりします。変異の成因は2つに大別できます。ひとつは複製時に酵素が誤ったヌクレオチドをDNAにとり込んだり（ただし細胞には誤ってとり込んだヌクレオチドを修復する機構がある）異常な動きをするとき（内因性）で、もうひとつはDNAが損傷したのち、それを元にした複製や修復がおこるとき（外因性）です。後者ではDNA傷害剤が変異の誘因となることから、DNA傷害剤は変異源になりうるということができます。変異源のひとつにX線があり、マラーがおこなったX照射によるショウジョウバエの変異誘発が最初とされます。放射線の一種のγ線も同じ効果があり、また紫外線にも変異誘発活性があります。化学物質のなかにも（例：タールに含まれるニトロソ化合物、亜硝酸塩）変異を誘発するものが多数あります。

4.6.2 DNA の損傷と修復（図 4-12）

A. DNA 損傷とその影響

DNA がさまざまな要因で異常な構造になることを DNA 損傷といい、その原因物質を DNA 傷害剤といいます。傷害剤には多くのものがあり、効果もいろいろです。高温や酸では塩基が除かれ、紫外線、アルキル化剤などでは塩基構造が変化し、γ 線や重金属などが作用すると DNA が切断され、シスプラチン（白金を含む抗癌剤）は DNA 鎖どうしの結合（架橋）をおこします。損傷は DNA の複製や転写を阻害し変異を誘発するため、細胞死や癌化がおこりやすくなります。

B. 紫外線と生物進化の関係

紫外線は太陽光に大量に含まれます。DNA に紫外線が当たるとピリミジン塩基が連続する部分で塩基どうしが化学結合してピリミジン二量体（とくにチミン二量体）ができますが、二量体は DNA の機能を失わせて変異を誘発します。生物にとって紫外線の影響は深刻で、生物進化の歴史は紫外線との闘いの歴史でもあります。太古の昔、生物は紫外線の届かない水中でしか生きられませんでしたが、酸素を放出するラン藻や植物が増えると酸素からできるオゾンが地球を覆い、それが紫外線を遮断したため生物は地上で生きら

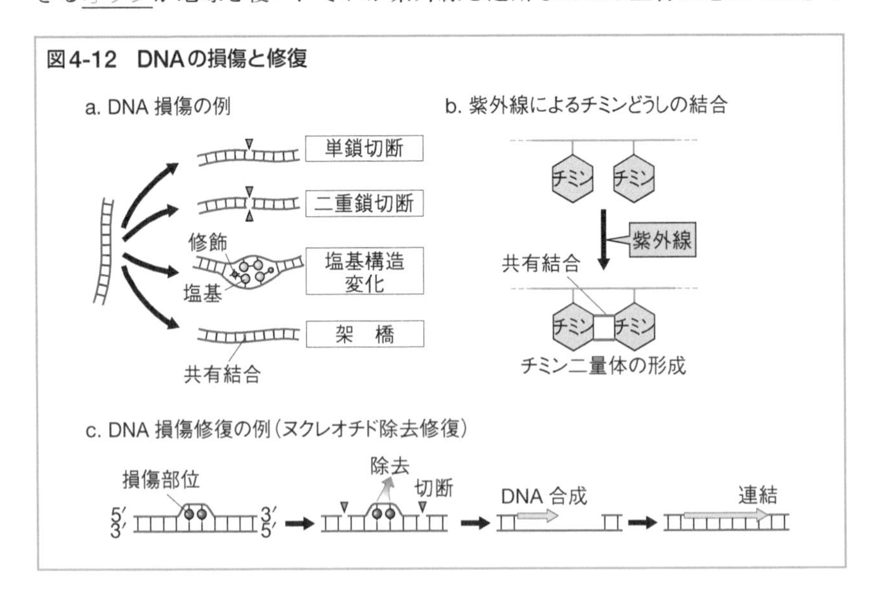

図4-12　DNAの損傷と修復

れるようになり、さらにピリミジン二量体を修復する機構も獲得し、現在のように地上に繁栄できるようになりました。

C. 損傷の修復

DNA損傷は細胞中で頻繁に発生しているため、普通に考えると生物の長期の健康維持は困難なはずですが、実際にはそういうことはありません。これはDNA損傷が速やかに修復されているためです。修復にはさまざまな機構があります。もっとも単純なものは損傷過程を逆に向かう反応を使う直接修復ですが、ほかにもDNA組換えがかかわる機構、損傷部分をまとめてとり除き、その後、その部分を修復的にDNA合成する除去修復、そして損傷乗り越え修復があります。

4.6.3　DNA組換え（図4-13）

DNAのある領域がほかへ移動したり、ほかのDNA領域と入れ替わる機構をDNA組換えあるいは単に組換えといいます。組換えはDNA配列との相同性によって2つに分けられ、それぞれに特異的酵素が使われます。

A. 相同組換え

十分な長さの相同な配列をもつ1組のDNA間でおこる組換え（例：AB +

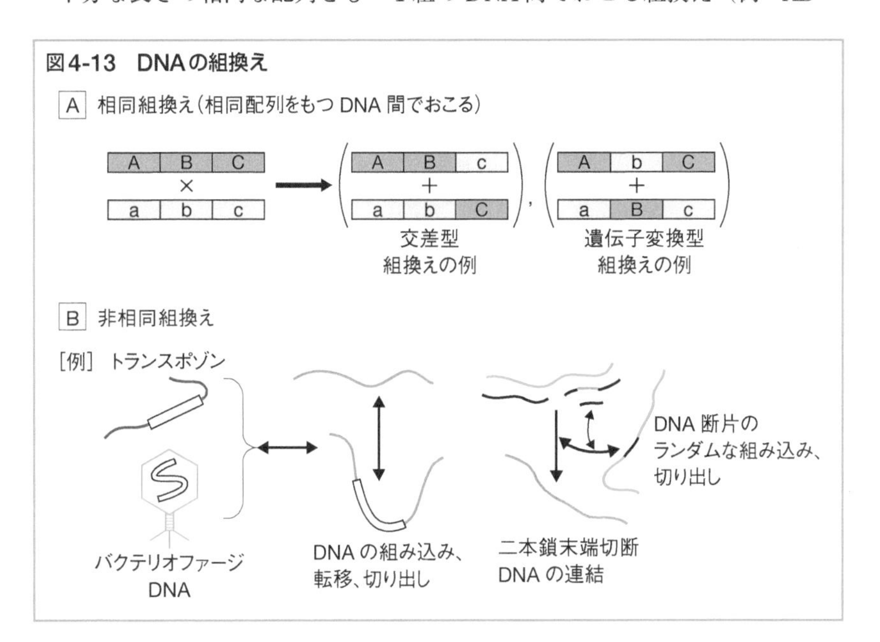

図4-13　DNAの組換え

ab → Ab + aB）を相同組換えといい、生殖細胞をつくる減数分裂時の相同染色体間でみられます。組換えが連鎖する（同一染色体上にある）遺伝子間でおきるとき、組換え頻度は遺伝子間距離に比例するので組換え体の発生率から遺伝子の相対位置がわかり、遺伝子地図をつくることができます。細菌でも何らかの原因でゲノム配列が部分二倍体になったときに相同組換えがおこります。相同組換えは多くの酵素と複雑なプロセスを経て進みます。

B. 非相同組換え

組換えにかかわる両 DNA 間の相同性領域の長さが限定的か（部位特異的組換え）、あるいはまったくない場合にみられる組換え（ランダムな組換え）を非相同組換えといいます。前者にはトランスポゾン型組換えやバクテリオファージ DNA の細菌ゲノムへの組み込みと切り出しが、後者には抗体遺伝子の再配列や切断 DNA の非相同末端結合による修復などが含まれます。組換え機構の多くは鎖の切断と再結合という比較的単純な反応で、少数の酵素で進みます。

章末問題

1 染色体上の同じ遺伝子座にある一対の遺伝子を何というでしょう。ホモ（接合）、ヘテロ（接合）とは何でしょう。

【答え】対立遺伝子。対立遺伝子が同等である場合をホモ、そうではない場合をヘテロという。

2 ハーシーとチェイスの実験の意義とは何でしょう。

【答え】遺伝子の本体がDNAであることを示した。

3 DNAとRNAの構造の違いをあげてください。

【答え】DNAは二本鎖で、糖としてデオキシリボース、塩基のひとつとしてチミンをもつが、RNAは一本鎖で、糖としてリボース、塩基のひとつとしてチミンの代わりにウラシルをもつ。

4 DNA合成の原則について説明してください。

【答え】一本鎖となったDNAにプライマーの核酸が水素結合する。DNA合成酵素が鋳型鎖と相補的な塩基をもつ基質クレオチドを選択してプライマーの糖の3' 端に新しいヌクレオチドをリン酸ジエステル結合で連結し、その反応が連続する。

5 複製の途中でできる岡崎断片とは何でしょう。

【答え】二本鎖DNAの合成では合成が全体として進む方向に対し、それと逆に伸びる鎖（ラギング鎖）が存在する。そこではまず短いDNA（岡崎断片）がつくられ、それが連結される。

6 真核生物の染色体末端（テロメア）にあるDNAにはどのような特徴があり、そこを複製する酵素を何というでしょう。

【答え】短い配列がくり返した構造をもつ。酵素はテロメラーゼ。

7 真核生物での相同組換えはどこでみられるでしょう。

【答え】生殖細胞の減数分裂時

8 DNAは常に変異や損傷が発生しているのに細胞が正常に生存できているのはなぜでしょう。

【答え】酵素や因子がDNAの変異や損傷を修復しているため

章　遺伝子の発現

DNA 中に塩基配列の形で書き込まれた遺伝子が機能を発揮するためには RNA に転写されて発現する必要があります。転写では RNA ポリメラーゼが転写調節因子の働きを受けて、二本鎖 DNA の一方を鋳型に RNA を合成します。RNA はスプライシングなどの加工・修飾を経て成熟しますが、タンパク質コード遺伝子の場合、RNA は細胞質に移動し、塩基配列が遺伝子暗号に従ってリボソーム上でアミノ酸配列に翻訳されます。RNA には多くの種類があり、役割もさまざまです。

遺伝子発現はクリックが 1958 年に提唱したセントラルドグマ（中心命題）「遺伝情報の流れ＝DNA → RNA →タンパク質」に従って進みます（**図 5-1**）。

図 5-1　遺伝情報の流れを表した分子生物学のセントラルドグマ

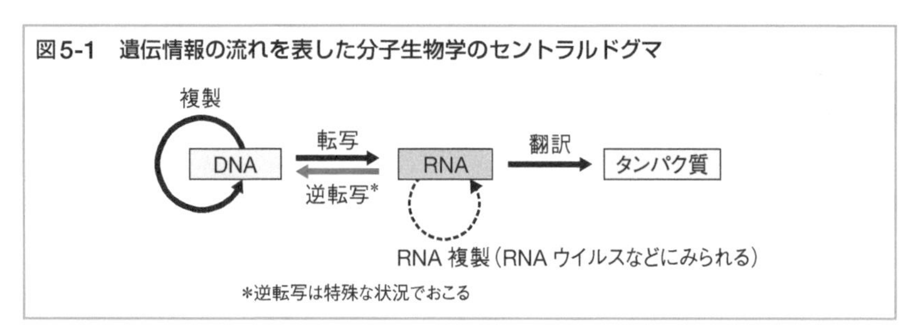

5.1　転写のしくみ

5.1.1　RNA 合成酵素：RNA ポリメラーゼ（図 5-2a）

A. 反応機構

核で DNA を鋳型に RNA をつくる反応を転写といい、RNA ポリメラーゼ（RNA pol）によっておこなわれます。転写ではまず二本鎖 DNA に RNA pol

が結合してDNAが変性し、酵素は一方の鎖（鋳型鎖）を鋳型として相補的なリボヌクレオチドをDNA合成のように3′→5′の方向へ重合します（☞基質はリボヌクレオチド三リン酸。AにはUが選ばれる）。RNAは非鋳型鎖（すなわちコード鎖）と相同な配列をもち、遺伝情報もこちらの鎖に含まれます。RNA polはDNAポリメラーゼと異なりプライマーは不要です。

B. 転写範囲

RNA polが転写するDNAの範囲は個々の遺伝子領域ですが、細菌では複数の遺伝子がまとめて転写される現象も多くみられます。遺伝子の転写がはじまる部分を上流、終点の方向を下流といい、転写開始付近のRNA polが結合する付近をプロモーターといいます。RNA polはプロモーターから下流の方向に進みます。1本のDNA上に遺伝子が複数ある場合、遺伝子が各鎖のどちらにコード（指定）されているかは遺伝子により違います。転写の終点は原核生物ではターミネーターによって決められますが、真核生物の転写の終点はいろいろな機構で決まります。

図5-2　転写とRNAポリメラーゼ

a. 転写がおこなわれる様子

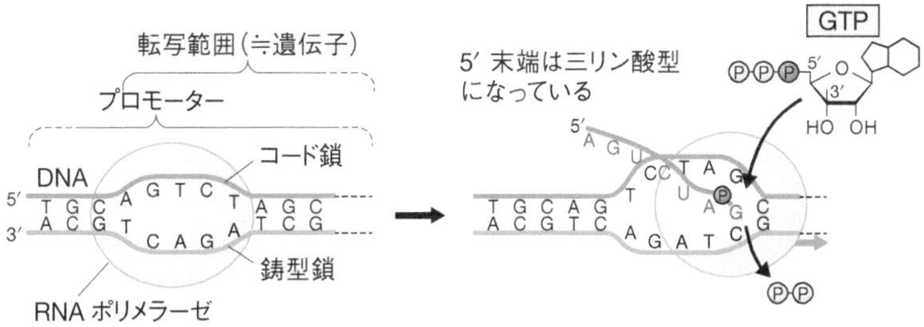

b. 主要な3種のRNAとRNAポリメラーゼ

RNA種	役割	合成酵素（真核生物）*
rRNA（リボソーマルRNA）	リボソームに含まれる。あるものはアミノ酸連結能をもつ	RNA pol I
mRNA（メッセンジャーRNA）	タンパク質のアミノ酸をコードする。リボソームに結合する	RNA pol II
tRNA（トランスファーRNA）	アミノ酸と結合し、リボソームに運ぶ	RNA pol III

＊細菌は1種類しかもたない
RNA pol＝RNAポリメラーゼ

5.1.2 主要RNAのクラスとそれを合成する酵素

細胞内に存在する主要RNAには、rRNA（リボソーマルRNA：リボソームに含まれるRNA）、mRNA（メッセンジャーRNA：タンパク質の配列情報を含む）、tRNA（トランスファーRNA：アミノ酸と結合してリボソームに運ぶ）の3つのクラスがあります（**図5-2b**）。この3種のうち、量的にはrRNAがもっとも多く、tRNAもかなりの量を占めますが、mRNAは少量しかありません。上記RNAの合成にはおのおのに特異的な酵素：RNA pol Ⅰ、RNA pol Ⅱ、RNA pol Ⅲが使われます。それぞれのRNAをコードするゲノム中の遺伝子数は、1種類しかないrRNA遺伝子の数は非常に多く、それぞれのtRNAの遺伝子も多数存在します。しかしmRNAをコードする多様な遺伝子はゲノム当たり1種類につき1個しかありません。細菌では1種類のRNA polがすべての転写をおこないます。

5.2 転写制御

5.2.1 転写は遺伝子ごとに制御される

A. 遺伝子特異的制御

複製が一定の頻度でコンスタントに進むのに対し、転写は遺伝子ごとに異なり、また1つの遺伝子でも効率は状況により変化するので、すべての転写は制御されているといえます。転写効率は遺伝子特有な転写調節配列に依存します。またプロモーターの強さは遺伝子ごとに異なり、一定の制御能はありますが、それだけではダイナミックな制御はできず、ダイナミックな転写の制御にはそれ以外のDNA領域・塩基配列、つまり転写制御配列が必要となります。実際そのような配列がプロモーターの周囲、とりわけ上流によくみられます。真核生物の転写制御配列のうち転写の活性化にかかわる配列をエンハンサーといいます。エンハンサーはクロマチンの状態でよく働きます。

B. エンハンサーの機能

通常、遺伝子にはエンハンサーが複数あります。エンハンサーの中には、発生のある時期に特異的に働くもの、ある組織で特異的に働くもの、誘導物質（例：増殖因子）があると特異的に働くものなどがあります。誘導性エンハンサーをとくに応答配列といいます（例：ステロイド応答配列）。

5.2.2　転写制御にかかわる調節因子のクラス（図 5-3）

プロモーターやエンハンサーが働けるのはそこにタンパク質性の調節因子が作用するからです。転写調節因子は多数ありますが、それらを作用面からいくつかのクラスに分けることができます。以下に RNA pol II に関するものについて説明します。

A. 基本転写因子

多数ある RNA pol II 系遺伝子のどれにも必要なもので、転写開始に関与し、複数種あります。真核生物は RNA ポリメラーゼだけでは完全な機能は発揮できず、基本転写因子は必須です。RNA pol I や RNA pol III にもそれぞれに特異的な基本転写因子群が知られています。基本転写因子とはいいませんが、RNA pol II の活性化やクロマチン状態を変化させて転写効率を高める転写伸長因子というものもあります。

B. 配列特異的転写制御因子

エンハンサー因子、DNA 結合性転写制御因子、転写調節タンパク質ともいいます。特異的配列に安定に結合する DNA 結合タンパク質で、ほかのクラスの調節因子と結合するなどして転写の活性化にかかわります。DNA 結合にかかわる特徴的な構造（例：ヘリックス－ターン－ヘリックス、ジンクフィンガー、ロイシンジッパー）がみられます。

C. 転写補助因子

上記 **B.** の因子と結合してその機能を発揮させるために働く因子をコファク

図 5-3　転写の開始には多くの因子がかかわる

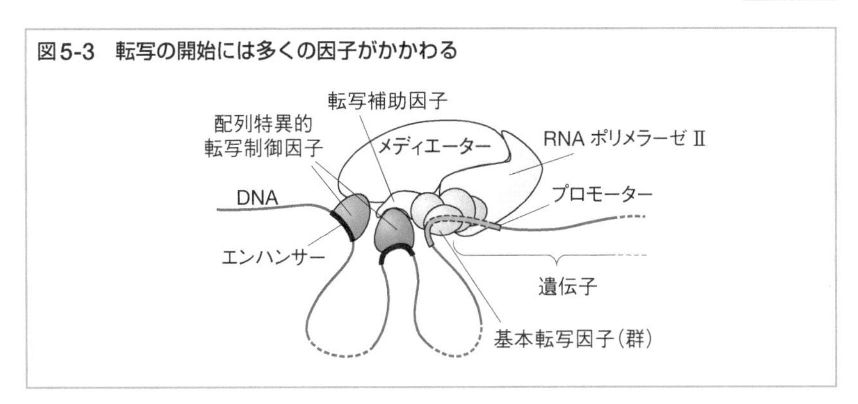

ターといい、多くのものが知られています。そのうち活性化に効くものをコアクチベーターといい、いくつかのものは転写活性化にかかわるヒストンアセチル化酵素（HAT）の活性があります。他方、転写不活性化にかかわるものはコリプレッサーといい、ヒストン脱アセチル酵素（HDAC）と結合する場合があります。

D. メディエーター

多くのタンパク質からなる巨大複合体で、ごく少数の種類しかありません。RNA pol II のほか、上記 A ～ C の転写因子と結合することができ、また、RNA pol II を活性化することができます。配列特異的転写制御因子の活性化情報を RNA pol II に集約して伝える働きがあります。

E. その他

転写調節因子とされてなくとも、上記の因子を化学修飾で機能を変える働きのある酵素や結合因子は、結果として転写制御にかかわります。クロマチンを構成する DNA やヒストンの修飾にかかわる酵素（例：メチル化酵素）や因子も、結果的に転写の活性化や抑制にかかわります（**5.3.3 項**（p.75）参照）。

5.2.3　細菌の転写とその制御

A. 酵素の機能

細菌 DNA は裸の状態なのでクロマチン制御などはありません。RNA ポリメラーゼは 1 種類しかなく、すべての遺伝子を 1 つの酵素で転写します。酵素を構成するサブユニットのひとつにシグマ（σ）因子がありますが、この因子は酵素の残りの部分（コア酵素）と簡単に解離し、また再会合してホロ酵素を形成することができます。σ因子は複数種あり、それぞれは異なるタイプのプロモーター配列を認識して結合します。異なるσ因子をもつホロ酵素を使い分けることにより、転写する遺伝子を選択することができます。

B. オペロン

細菌では複数の遺伝子がまとめて転写されるポリシストロニック転写という現象がみられますが（これに対し、遺伝子 1 個ごとに転写されることをモノシストロニック転写という）、これに関連して、それら遺伝子群の転写が最上流の 1 個のプロモーターとオペレーターという特殊な配列で調節されるというシステムが存在します。このような転写制御単位をオペロンといい、アミノ酸代謝や糖代謝など、多くのもので知られています。ラクトース（乳糖）利用にかかわるラクトースオペロンには3種の遺伝子があり、ラクトースのとり込み、活性化、分解にかかわります（**図5-4**）。このオペロンは通常、リプレッサータンパク質がオペレーターに結合してRNAポリメラーゼの働きを抑えています。しかしラクトースが加えられるとそれがリプレッサーに結合し、リプレッサーがオペレーターに結合できなくなり、RNAポリメラーゼが働けるようになって転写がおこります。

図5-4　大腸菌のラクトースオペロンの働き

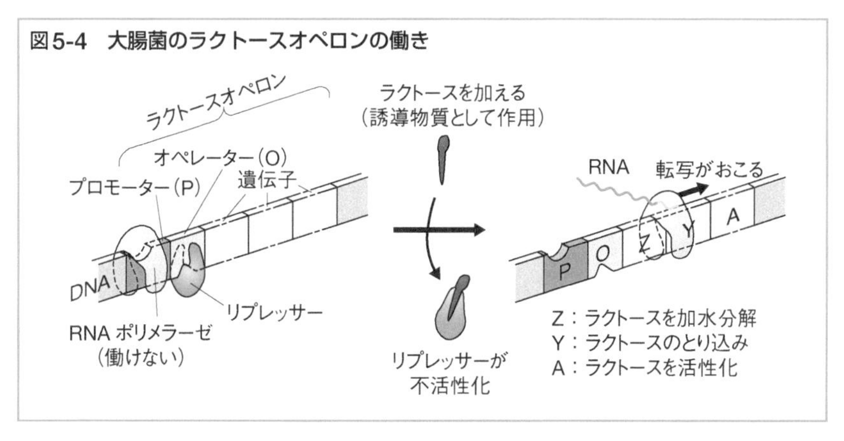

C. 転写活性化配列

多くはありませんが、細菌にも転写活性化配列やその結合因子が存在します（注：ただしそれ以外の因子［**5.2.2項**（p.71）の**A**、**C**、**D**］はない）。ラクトースオペロンの上流には転写活性化配列があり、そこにCAPという転写活性化因子が結合してオペロンの活性を最大限に引き出しています。この因子は環状AMP（cAMP）が結合によって活性化状態になりますが、培地にグルコースを加えるとcAMPが低下するので結果的に転写活性化がおこらなくなり、オペロンの発現が低下します。この現象をグルコース効果あるいはカタボライト抑制といいます。

D. 転写翻訳共役

細菌には核がなく、転写も翻訳も同じ場所でおこるため、転写されたmRNAからすぐその場で翻訳もはじまる転写と翻訳の共役がみられます。

ワンポイント　もうひとつの集約的遺伝子制御系：レギュロン

特定の刺激（例：リン酸、浸透圧）で複数の遺伝子やオペロンがまとめて発現制御される機構をレギュロンといい、あるレギュロンでは刺激感知因子がプロテインキナーゼ、効果因子がリン酸化で活性調節される転写制御因子が利用されます。グルコース効果もグルコースレギュロンによるもので、多くの糖代謝遺伝子に利用されます。

5.3 ゲノム、クロマチン、転写制御

5.3.1 ゲノムと遺伝子

染色体がもつ一組のDNAをゲノムといいます（☞二倍体細胞は二組のゲノムをもつ）。ゲノムは原核生物より真核生物のほうが大きく、真核生物でも多細胞生物は単細胞生物より大きくなります（例：ゲノムサイズ［単位：100万bp］／遺伝子数＝大腸菌［4.6/4,300］、酵母［12/5,500］、線虫［97/19,000］、ヒト［3,000/22,000］）。遺伝子数はもっとも少ないもので約500個であり、これが生命現象を維持できる最少遺伝子数と考えられます。

ヒトと大腸菌を比べるとゲノム当たりの遺伝子数がヒトでは非常に小さくなっていますが、これはヒトゲノムには遺伝子以外の部分が多数あることを意味し、その原因として①イントロンなどの非翻訳領域、②遺伝子間領域、③反復配列（☞同じような配列が連続している縦列反復配列やトランスポゾンの転移が原因の散在性反復配列）の存在が考えられます。遺伝子は分子生物学的にはRNAをコードする領域をさします。ただここで述べる遺伝子はタンパク質をコードする（指定する。暗号化する）古典的遺伝子であり、現在明らかにされつつあるゲノム全域から転写される多様な微量RNAをコードするDNAも遺伝子に含めるとするならば、これまでの見積もりは根底から変える必要があるかもしれません。

5.3.2　クロマチン

真核生物のゲノムにタンパク質（主にヒストン）の結合したものをクロマチンといいます。ヒストンのうち、コアヒストンは4種類のものが各2個ずつ集まってヌクレオソームの芯をつくり、そこにDNAが巻きついています。このような数珠状構造のヌクレオソームが別のヒストンの作用で凝集して太い繊維ができ、さらにそれが何重にも折りたたまれて染色体になります（**図5-5**）。細胞内において、ゆるんだ構造のユークロマチンでは転写がおこっており、それ以外の凝集したヘテロクロマチンという構造にある遺伝子は不活化されています。

図5-5　クロマチンと染色体の構造

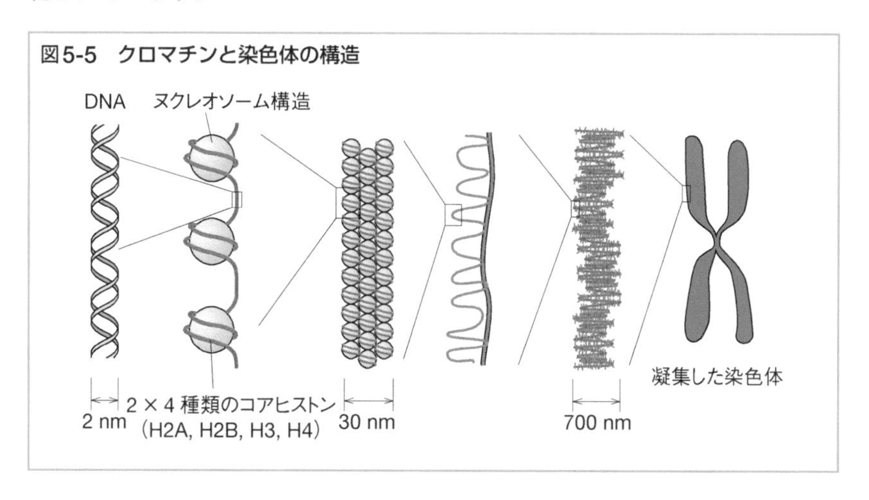

5.3.3　クロマチンレベルの修飾と転写の制御（図5-6）

A. クロマチン修飾

凝集したクロマチンは遺伝子発現を抑制するため、転写活性化機構のひとつはこのようなクロマチンに作用して構造を変化させ、そこに転写に必要な因子を集めさせることということができます。クロマチンを介する転写調節の方策は3つに分けられます。一つ目はクロマチンタンパク質自身にかかわるもので、ヒストンの化学修飾（例：メチル化、アセチル化）とヌクレオソームにかかわるものがあります。前者の場合、コアヒストンのアミノ末端領域（☞ヒストンテイル）が主な修飾の場となり、この領域の化学修飾パターン

図5-6　クロマチンレベルの修飾

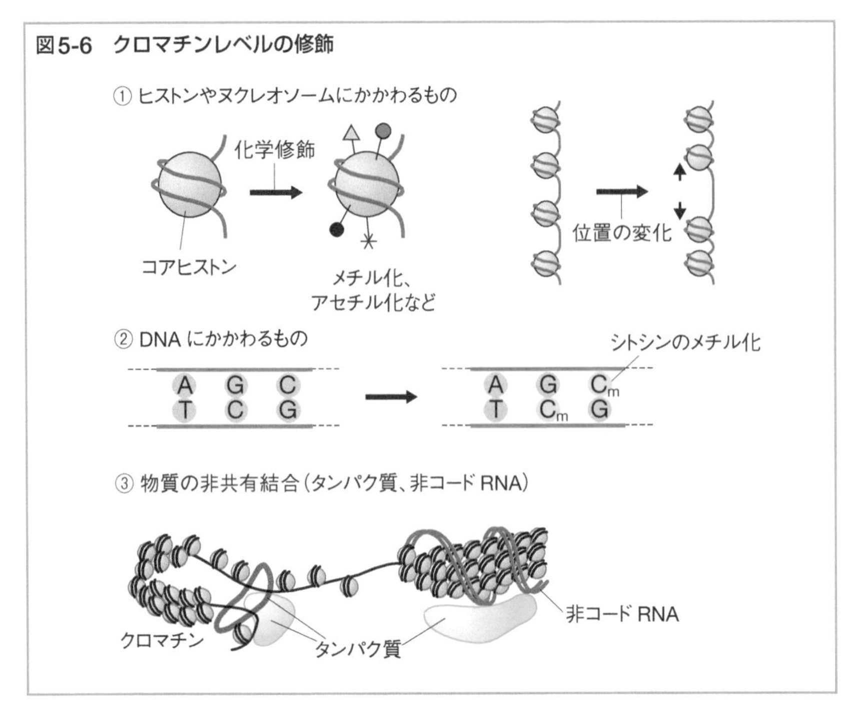

をヒストンコードといいます。後者にはヌクレオソームの形成／除去と組成や位置の変更がありますが、位置の変更をクロマチンリモデリングといいます。二つ目はDNAにおけるシトシンのメチル化があり、転写抑制を引きおこします。三つ目はクロマチンに非共有結合する分子で、これには種々のタンパク質や非コードRNAがあります。

B. エピゲノム

クロマチン修飾は塩基配列に依存せずに遺伝子発現への影響を介して遺伝的現象にかかわりますが、そのような現象を一般にエピジェネティクス（後成的遺伝）といいます。エピジェネティクスをおこすゲノム（正確にはクロマチンで）をエピゲノムといいますが、エピゲノムは遺伝子の働き方を決めるしくみといえます。エピゲノムは生殖細胞形成〜受精後の間にリセットされますが、いくつかの遺伝子では精子や卵のエピゲノム状態が受精〜発生後も維持され、それが雌雄の遺伝子発現強度のバランスに影響を与えることがあります。これを遺伝子刷り込みあるいはゲノムインプリンティングといい、一方の親に似るという現象もこれによって説明できます。

5.4 転写後調節

5.4.1 RNA はさまざまに加工、修飾される

つくられたばかりの RNA はなんらかの加工や修飾（プロセッシング）を受けるのが一般的です。前駆体 RNA のプロセッシングの種類は限定分解や末端の削除、ヌクレオチド化学修飾、スプライシングや逆位といったつなぎ替え、そして RNA 編集などが知られています。tRNA は単位長さに切断され、rRNA は何段階かの限定分解ののちに成熟 rRNA となります。真核生物 mRNA の成熟は特徴的です。合成後すぐに酵素によって 3′端にアデニル酸（AMP）が多数連結したポリ A 鎖ができ、5′端にはメチルグアノシンという特殊塩基などが付加されるキャップ構造ができます（**図 5-8a**）。これらの構造はスプライシングや翻訳の効率化、mRNA の安定化と異常 mRNA の処理などにかかわります。RNA 編集はそれほど一般的ではありませんが、前駆体 RNA 中のヌクレオチドが欠失・挿入したり、ほかの塩基に入れ替わる現象です。

5.4.2 スプライシング

スプライシングとは RNA の内部が除かれ、その両脇が連結する現象で、除かれる部分をイントロン、残る部分をエキソンといいます（**図 5-7**）。tRNA や rRNA でもみられますが、mRNA のスプライシングは複雑で、多くは複数のエキソンをもつため、多数のエキソンが連結されます（例：筋ジストロフィー原因遺伝子ジストロフィンは 79 個のエキソンをもつ）。複数のエキソンのなかから特定エキソンが選ばれて、複数の成熟 mRNA ができることがありますが、この現象を選択的スプライシングといい、1 つの遺伝子から複数

図 5-7　真核生物 mRNA のスプライシング

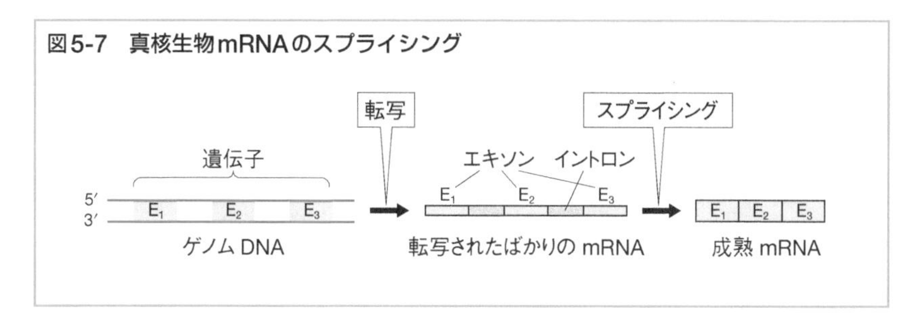

のタンパク質をつくる機構ととらえることができます。まれに別のmRNA分子間でおこるトランススプライシングや、戻ってつながって環状RNAができるバックスプライシングという現象がおこる場合もあります。

5.5 タンパク質合成：翻訳

5.5.1 遺伝暗号とコドン（表5-1、図5-8）

mRNAがもつ塩基配列情報をアミノ酸配列情報に読みかえるため、タンパク質合成は翻訳といわれます。mRNAの中央部にはアミノ酸をコード（暗号化）するための遺伝情報が塩基配列の形で存在しますが、遺伝暗号はRNAを試験管翻訳反応に加えてできるペプチドやtRNA－アミノ酸複合体の分析で解読されました。20種類のタンパク質構成アミノ酸は連続した3塩基（コ

表5-1　遺伝暗号表

たとえばUCAはセリンを指定する。

<table>
<tr><th rowspan="2">第1字目</th><th colspan="4">第2字目</th><th rowspan="2">第3字目</th></tr>
<tr><th>U</th><th>C</th><th>A</th><th>G</th></tr>
<tr><td rowspan="4">U</td><td rowspan="2">フェニルアラニン</td><td rowspan="4">セリン</td><td rowspan="2">チロシン</td><td rowspan="2">システイン</td><td>U</td></tr>
<tr><td>C</td></tr>
<tr><td rowspan="2">ロイシン</td><td>×</td><td>×</td><td>A</td></tr>
<tr><td>×</td><td>トリプトファン</td><td>G</td></tr>
<tr><td rowspan="4">C</td><td rowspan="4">ロイシン</td><td rowspan="4">プロリン</td><td rowspan="2">ヒスチジン</td><td rowspan="4">アルギニン</td><td>U</td></tr>
<tr><td>C</td></tr>
<tr><td rowspan="2">グルタミン</td><td>A</td></tr>
<tr><td>G</td></tr>
<tr><td rowspan="4">A</td><td rowspan="3">イソロイシン</td><td rowspan="4">トレオニン</td><td rowspan="2">アスパラギン</td><td rowspan="2">セリン</td><td>U</td></tr>
<tr><td>C</td></tr>
<tr><td rowspan="2">リシン</td><td rowspan="2">アルギニン</td><td>A</td></tr>
<tr><td>メチオニン●</td><td>G</td></tr>
<tr><td rowspan="4">G</td><td rowspan="4">バリン</td><td rowspan="4">アラニン</td><td rowspan="2">アスパラギン酸</td><td rowspan="4">グリシン</td><td>U</td></tr>
<tr><td>C</td></tr>
<tr><td rowspan="2">グルタミン酸</td><td>A</td></tr>
<tr><td>G</td></tr>
</table>

×：指定するアミノ酸のないナンセンスコドン（終止コドンともなる）
●：開始コドンとしても機能する

ドン）によってコードされており、遺伝暗号表にまとめられています。変異でコドンが変化するとアミノ酸が変化することがあり、タンパク質が異常になったり時としてはつくられません。アミノ酸のうちメチオニンとトリプトファン以外のアミノ酸は複数のコドン（同義コドンという）をもつので、塩基配列（とくにコドンの3番目の塩基）が変異してもタンパク質は変化しないという現象がみられます。コドンのうちUAA、UAG、UGAは指定するア

図5-8　塩基配列からアミノ酸配列への翻訳

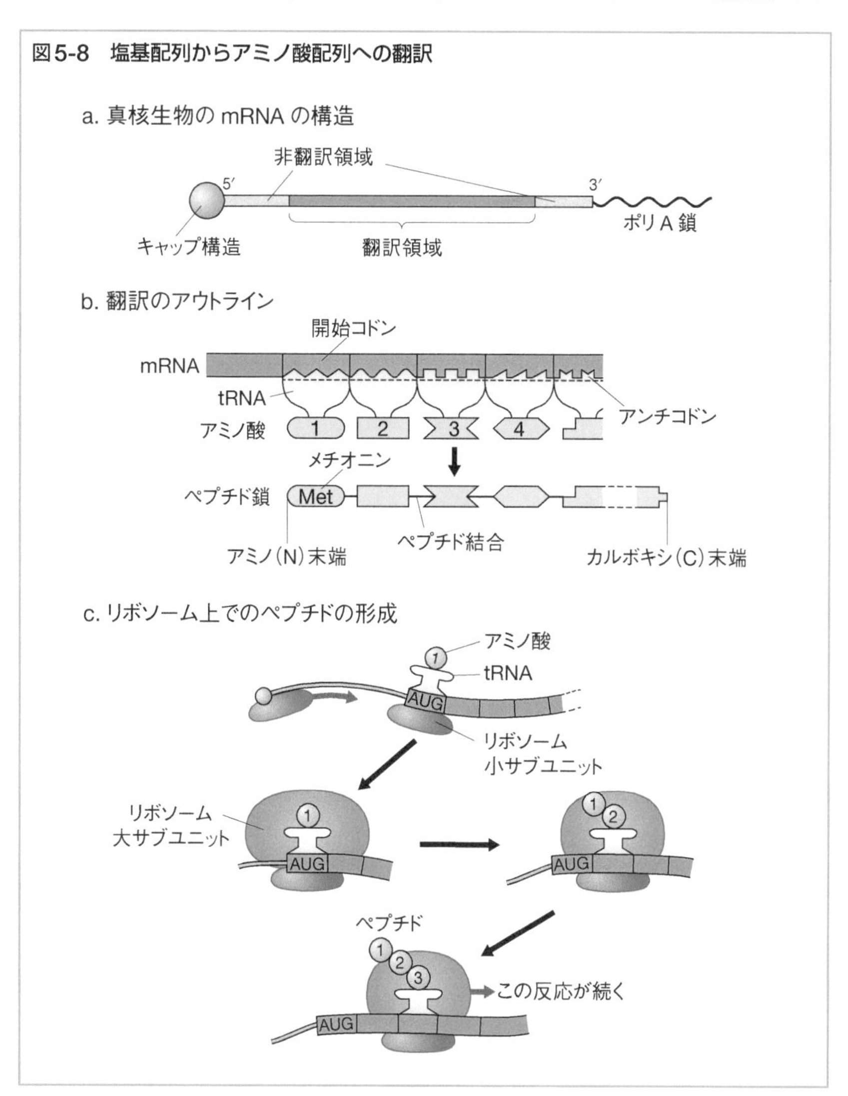

ミノ酸をもたないナンセンスコドンですが、通常の遺伝子中では翻訳終了シグナル（終止コドン）として機能します。AUG はメチオニンをコードしますが、翻訳の開始を決める開始コドンでもあります。

5.5.2　翻訳機構

A. tRNA

アミノ酸はアミノアシル tRNA 合成酵素の働きで、そのアミノ酸専用の tRNA（例：リシンはリシル tRNA）に結合します。tRNA は複雑な折りたたみ構造をとっていますが、中央部分の 3 塩基が mRNA 上のコドンと塩基対をつくるアンチコドンとなります（**図 5-8b**）。

B. リボソーム

リボソームは大サブユニットと小サブユニットからなり（**図 5-8c**）、それぞれには少数の rRNA（ヒトの場合前者は 18 S rRNA、後者は 5 S、5.8 S、28 S rRNA）と多数のタンパク質が含まれます。これらの成分のうち、ペプチド結合を形成させる活性は大サブユニット中の最大 rRNA にあります（☞つまりこの RNA はリボザイムということになる）。

C. 翻訳開始の準備（図 5-8c）

真核生物の場合、スプライシングを終えて細胞質に出た mRNA がリボソームの小サブユニットと結合します。通常リボソームはキャップ構造を認識し、5′ 側に移動して開始コドンで停止しますが、mRNA の内部に直接結合する場合もあります。細菌の場合、リボソームは mRNA の翻訳開始部位のすぐ上流にある SD 配列に結合します。3′ 端へ移動したリボソームは開始 AUG コドンで止まり、そこから 3 塩基単位の読み枠をとって翻訳を進めます。最初から mRNA 上にコドンの区切りがあるわけではないため、塩基の挿入や欠失があると、読み枠が本来のコドンとずれてしまいます。結局いずれナンセンスコドンが現れて異常タンパク質になってしまいますが、このような異常なタンパク質は不安的ですぐに分解されます。

D. ペプチド連結機構（図 5-8c）

リボソーム小サブユニットが開始メチオニンコドンに到達するとメチオニン tRNA がとり込まれ、次にリボソーム大サブユニットが結合します。すると 2 番目のアミノアシル tRNA がきて 2 種のアミノ酸間でペプチド結合ができます。リボソーム全体が1コドン分だけ3′側へ移動し、さらに3番目のアミノアシルtRNAがやってきてペプチド結合ができます。このような反応が次々におこって長いペプチド鎖ができ、終止コドンに到達すると、リボソームがmRNAから離れ、ペプチド鎖も放出されます。以上の反応には多数の調節因子とエネルギー供給のためのGTPが使われます。

E. 翻訳後のペプチド鎖

翻訳を終えたペプチド鎖は正しく折りたたまれて活性のあるタンパク質として細胞の各所に運ばれます（**2.2.2 項**（p.21）参照）。タンパク質のN（アミノ）末端はメチオニンですが、得られたタンパク質を分析で（例：N端から順にアミノ酸を切り離すエドマン分解法や、田中耕一らが開発した質量分析法）、メチオニン以外のアミノ酸がN端に見つかる場合がありますが、これらはN端のペプチドが限定分解されて生じたものです。タンパク質はこのほかにもリン酸化や糖鎖付加、金属やヌクレオチドの結合などによって活性を得たりするものがあります。

5.6 RNAの機能

5.6.1 RNAの種類と機能多様性（表5-2）

A. コードRNAと非コードRNA

主要なRNAはmRNA、tRNA、rRNAの3種類で、いずれも翻訳にかかわるRNAになります。ヒトは約2.3万個の遺伝子もっていますが、細胞内にあるRNAのほとんどがこれらに由来するRNAで、種類でみるとその大部分は

表5-2 RNAがもつ機能の例

機能	RNA(種)	
翻訳(タンパク質合成)	mRNA	コードRNA
	tRNA、rRNA	非コードRNA
酵素(リボザイム)	最大分子種のrRNA、RNアーゼP、ハンマーヘッド型RNA 自己スプイシングイントロン	
遺伝子発現抑制	miRNA、siRNA、smoRNA、ガイドRNA、長鎖ncRNA	
スプライシング	snRNA	
その他	プライマーRNA、RNAウイルスゲノム	

mi：マイクロ、si：小分子干渉、smo：小分子核小体、nc：非コード、sn：小分子核

mRNAです。RNAのうちmRNAだけがコードRNAで、それ以外は下記のものも含めすべて非コードRNA（ncRNA）に分類されます。ところが近年の研究によって、以前は遺伝子砂漠などとよばれていたゲノムの大部分を占める非遺伝子領域からもRNAが転写されていることがわかりました。このようなncRNAは全RNAからみれば量はわずかですが、種類は膨大であり、広義の遺伝子の数は2.3万個よりもっと多いことになります。

B. RNAがもつ翻訳以外の役割

翻訳にかかわらないRNAの役割のひとつは、リボザイムといわれる酵素活性をもつRNAで、tRNA前駆体からtRNAを切り出すRNアーゼPや最大分子種のrRNAなどいろいろなものがあります。20～30塩基の小分子RNAが翻訳阻害を中心に遺伝子発現を抑制するRNA抑制という現象がありますが、これにかかわるncRNAのひとつに不完全二本鎖構造をもつmiRNA（マイクロRNA）があります。miRNAは似た配列をもつmRNAと塩基相補性で結合して翻訳を阻害します。miRNAに似た分子に標的RNAと完全に二本鎖となっている内在性のsiRNA（**14.1.5項**（p.202）参照）があります。ncRNAのなかにはmRNAのような構造をもつ長鎖ncRNAがあり、クロマチンに結合して転写を抑制したり（例：雌の一方のX染色体不活化にかかわる*Xist* RNA）、エンハンサー領域に結合して転写を活性化するeRNAなどがあります。ncRNAのなかにはこのほか、RNA編集やスプライシングでRNA鎖を導くガイドRNAやsnRNA、物質結合性を発揮するアプタマーRNA、DNA合成のプライマーやRNAウイルスのゲノムなどがあります。

5.6.2　RNA抑制を人為的に利用する：RNAi

細胞にある遺伝子の一部の配列をもつ二本鎖RNAを導入すると、RNA抑制機構が働いて標的遺伝子の機能が抑えられるという現象がおこります。これがファイアーやメローらによって発見されたRNA干渉（RNAi）です。RNAiに使用するRNAは20塩基長ほどの短い二本鎖であるsiRNA（小分子干渉RNA）です。siRNAが細胞に入ると細胞の因子やRNA分解活性をもつ酵素（例：AGOファミリータンパク質）が複合体（RISC複合体）となってsiRNAと結合し、最終的には標的RNAが分解され、遺伝子の作用が一過的に抑えられます（**図5-9**）。なおmiRNAの場合も類似の因子が関与します。この方

図5-9　siRNAを使った遺伝子発現の抑制：RNAi

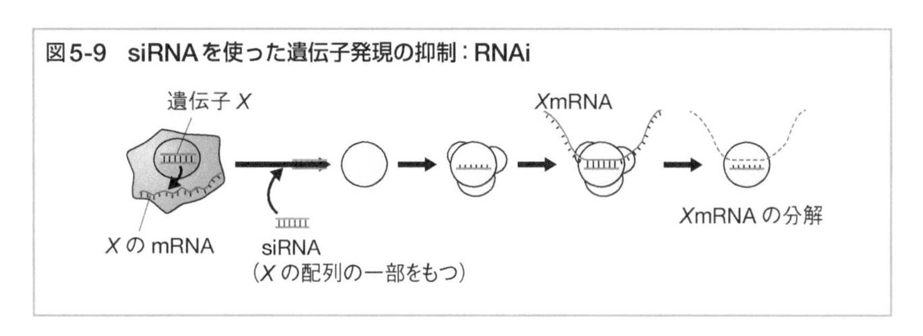

法（遺伝子ノックダウンといわれる）を使うことによって遺伝子の機能を知ることができます。siRNAの効果を持続させるため、染色体にDNAを組み込ませ、そこからsiRNAの元になるRNA（shRNA）を発現させる方法もあります。

章末問題

1 転写が複製と異なる点を、それがおこるDNA範囲とおこる時期の観点から述べましょう。

【答え】転写は特定DNA領域（通常は遺伝子）において常時あるいは必要とされる時期におこる。複製では全DNA領域が合成され、細胞分裂の前におこる。

2 転写の開始、活性化に働くDNA領域を何というでしょう。

【答え】プロモーター、エンハンサー

3 真核生物の転写で共通に使われる2種類の転写調節因子とは何でしょう。

【答え】基本転写因子（複数ある）とメディエーター

4 ラクトースオペロンのオン／オフを司るDNA結合性因子は何というでしょう。

【答え】リプレッサー

5 DNA、ゲノム、クロマチンの区別は何でしょう。

【答え】細胞の主要DNA（通常は核にある染色体DNA）の1セット分をゲノムといい、真核生物の染色体DNAにタンパク質（主にヒストン）が結合したものをクロマチンという。

6 後成的遺伝の調節では何がどのように変化するのでしょう。

【答え】クロマチン中のDNAの塩基修飾（主にシトシンのメチル化）と、ヒストンの化学修飾および結合位置の変化。

7 アンチコドンはどの分子のどこにあるでしょう。

【答え】tRNAの内部に塩基配列として存在。

8 RNAi（RNA干渉）によってどの分子が影響を受け、その結果、遺伝子発現がどう変化するのでしょう。

【答え】mRNAが切断されて翻訳が阻止され、遺伝子発現が下がる。

動植物の生きるしくみ

6章 生物の増殖と成長：生殖・発生・分化

生物の増殖形式には細胞や組織の増殖だけで増える無性生殖と、ゲノムの再編や組換えをともなう有性生殖があります。有性生殖をおこなう生物ではゲノムが単相と複相の両方のものがみられ、単相細胞は複相細胞の減数分裂でつくられます。受精卵の卵割によって胚発生がおこり、遺伝子発現調節の結果として細胞の分化や形態形成がみられます。分化細胞の元となる幹細胞の分化能は全能性から単能性までいろいろなレベルのものがあります。

生物の特徴は増えて成長することですが、生物の個体数が増えることを増殖といい、増殖をおこなうために生物がみせる現象を生殖といいます。

6.1 生物が増える：生殖

6.1.1 生殖法は２つに分かれる

生殖には無性生殖と有性生殖があります（**表 6-1**）。無性生殖は細胞分裂や個体の一部の成長によって個体数が増える現象ですが、有性生殖は遺伝子の融合や組換えを経た細胞が元になって個体ができる現象で、真核生物に特異的です。生物学的にみると性とは有性生殖をおこなえる性質をいいます。有性生殖に直接かかわり、細胞の合体に向かおうとする細胞を配偶子といいます。2つで一対をなしますが、大きく運動性のない細胞：卵をつくる側を雌（メス）、小さくて運動性がある細胞：精子あるいは花粉を多数つくる側を雄（オス）といいます。ただし、進化度の低い生物の有性生殖のなかには雌雄の区別が明確でないものもあります。高等動物やある種の植物（例：イチョウ）では雌雄は別の個体ですが（雌雄異体、雌雄異株）、両方の性徴をもつ雌雄同体や雌雄同

表6-1　2種類の生殖様式

	形式	かかわる細胞など	特徴
有性生殖	受精、受粉、接合、（単為生殖）	卵、精子、花粉、半数体の種々の細胞、胞子	遺伝子／DNAの再編成や、細胞の合体がみられる
無性生殖	二分裂、出芽、クローン増殖、栄養生殖	通常細胞、組織無性胞子	単純な細胞分裂。細胞や組織の一部から個体が形成される

株（例：種子植物。ミミズなどのある種の無脊椎動物）もあります。有性生殖をおこなえることを稔性（ねんせい）、稔性がないことを不稔といいます。

6.1.2　ゲノムの倍数性

個体のゲノム数は、通常1かその倍の2ですが、そのような状態を一倍性（一倍体）、二倍性（二倍体）といい、それぞれをxや$2x$と表す場合があります。この特徴は一般に倍数性といい、無性生殖しかしない細菌類は常に一倍体です。有性生殖する真核生物の個体は二倍体が基本となりますが、一倍体と二倍体の両方の個体が存在するものもあります。

真核生物のなかには倍数性が2を超えるものもあります。倍数性が2以上の個体を多倍体といい、四倍体やそれ以上のものは改良された栽培植物（例：ジャガイモ、コムギ）を中心に多くみられます。人工的に二倍体を超える倍数体をつくり、より大きな個体（例：植物や魚類）にすることもできます。三倍体は減数分裂で染色体が正常に分離できないために配偶子ができず、種子もできないので自然界での三倍体の増え方は無性生殖（例：球根で増える）に限られます。人工的に三倍体をつくる技術は、種なしスイカなどに応用されています（**10章のコラム**（p.146）参照）。

6.2　有性生殖

6.2.1　核相の変化（図6-1）

有性生殖をおこなう生物では、細胞に含まれるゲノム量が通常は1個分の半数体または一倍体になったり、受精で2個分の二倍体に戻ったりしますが、前者の状態の核相を単相、後者を複相といい、それぞれn、$2n$と表示します（注：倍数性のx、$2x$…とは意味が違うことに注意）。複相の個体が減数分裂

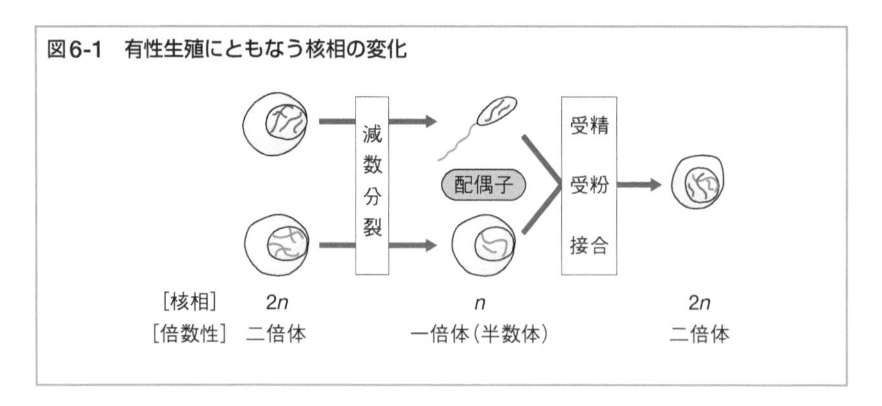

図6-1　有性生殖にともなう核相の変化

で単相の細胞である配偶子をつくり、融合や合体（☞受精、接合）して複相に戻ります。有性生殖する生物のなかには、生活環のなかで単相と複相の個体（あるいは生物体、細胞集合体）が交互にくり返す世代交代がみられるものもあります。動物や種子植物には単相個体の世代はありません。

6.2.2　植物の配偶体と胞子体

藻類、コケ類、シダ類など、明確な世代交代のある植物では、配偶子をつくるための単相の個体を配偶体といいます。これに対し、配偶子の受精でできた複相個体は単相の胞子（藻類の場合は運動性のある遊走子）をつくる個体であり、胞子体といいます。大量の胞子の放散によって大量の配偶体ができるため、この現象（胞子生殖）を無性生殖に入れる場合がありますが、胞子は有性生殖特異的な減数分裂でつくられ、育った配偶体は配偶子をつくるため、胞子生殖は有性生殖の準備段階ととらえられます。世代交代する生物で胞子体を無性世代、配偶体を有性世代という場合があります。

6.2.3　接合、受精

一般に配偶子が合体や融合することを接合、できた細胞を接合子といいます。雌雄の区別のつく一対の配偶子の場合は卵および精子（あるいは花粉）といい、接合子を受精卵といいます。雌性配偶子は大きく運動性はありませんが、雄性配偶子は小型で運動性があります。ただ、藻類のつくる配偶子はいずれも運動性があり、雌雄の区別はあいまいですが、この場合の細胞の合体も接合といいます（例：クラミドモナスの運動性のある配偶子細胞の融合）。

多細胞個体中の細胞間でおこる接合の例としては菌類における単相の菌糸の融合、藻類であるアオミドロの単相の細胞間でおこる接合などがあります。特殊な例では、原生生物のゾウリムシの複相個体が接合し、遺伝子の交換をしたあとで再び分かれて個体として生育する現象があります。以上のように、有性生殖は必ずしも大きな個体数増加に直結しない場合もあり（☞ただ、いずれは増える）、個体数増加の観点では不経済な面もあります。

6.2.4　有性生殖の共通点と意義

受精や接合では、単相の配偶子が複相となりますが、これをゲノムの再編とみることができます。また、そもそも減数分裂は遺伝子の組換えをともないます（**6.4 節**（p.92）参照）。複相細胞が一次的に接合する場合は遺伝子の組換えがおきます。つまり、有性生殖の本質は遺伝子の再編ととらえることができます。増えるだけであれば無性生殖のほうが効率がよいのに、エネルギーを使い、受精や接合では出会えないというリスクがあるのに、有性生殖が普遍的に存続しているのは理由があるはずです。事実、有性生殖は増殖効率の面からではなく、劣性遺伝子の影響を抑えるという観点から利点があるとされています（☞詳しくは **11 章**（p.156）参照）。細菌類にも接合を介して遺伝子を交換するという、有性生殖に似た特殊な現象がみられます。

6.2.5　代表的な有性生殖の様式（図 6-2a）

A. 菌類、藻類、コケ類、シダ類

菌類では担子菌を例にとると、まず子実体（キノコ）から単相の胞子が放出され、それが菌糸を伸ばして成長します。菌糸は接合して（複相となって）さらに成長し、やがて集合して子実体を形成するといった生活環をとります。藻類のうち緑藻類は複相の藻が単相の運動性のある遊走子をつくり、これが発芽・成長して藻（葉状体）となります。おのおのから配偶子（☞同型の場合や異型の場合がある）がつくられ、接合して複相の藻になります。コケ類ではまず複相個体から胞子がつくられ、これが成長して普段よく目にする雌雄別株のコケである配偶体になります。それぞれの配偶体から卵と精子ができ、受精後、複相個体へと成長します（**図 6-3**）。シダ類の場合、複相のシダの葉から単相の胞子が放出され、それが成長して前葉体という小さな個体が

図6-2　生物の生殖様式の例

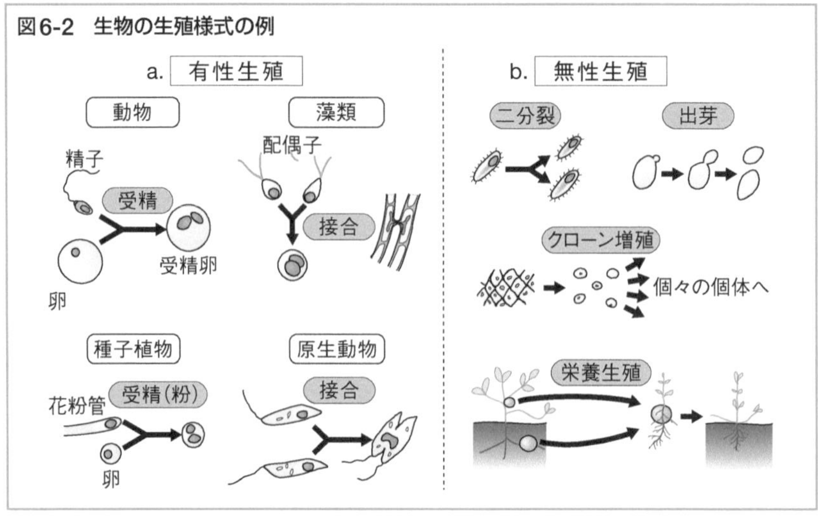

図6-3　コケ（スギゴケ）の生殖と世代交代

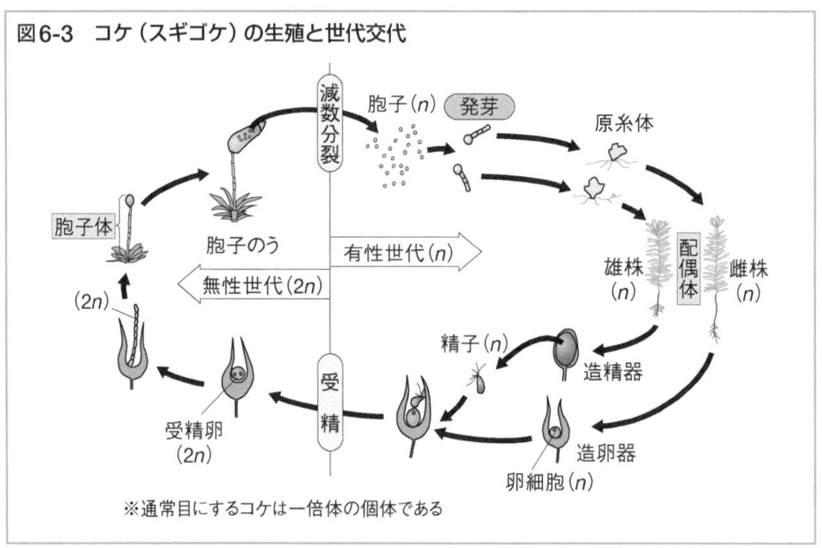

つくられます。前葉体は造卵器と造精器の両方をつくり、それぞれからつくられる卵と精子の受精で新たな複相個体がシダとして成長します。

B. 植物

種子植物では、複相の個体が配偶子である花粉と卵（胚珠内にある）をつくり、それの接合（☞受粉）によって複相の種子ができます。種子は個体から離れて発芽し、個体へと成長します。なお、卵と花粉が同一個体にできる

（☞めしべとおしべの両方をつくる）雌雄同株の多くは、1つの花に花粉と卵の両方をもつくる雌雄同花ですが、ウリ科植物（例：カボチャ）などは雄花と雌花の別がある雌雄異花です。裸子植物のうち、イチョウは花粉が水分のある所で発芽して精子が放出され、受精は卵と精子の間でおこなわれます。

C. 動物

動物は複相で、単相の配偶子である精子と卵の受精で複相に戻りますが、動物により体内受精（例：哺乳類）と体外受精（例：魚類）の区別があります。胎児が母胎から養分をもらってから生まれる形式を胎生、体外に産み落とされた卵の中で発生するものを卵生、卵を胎内で孵化させ、それを育ててから子を産む場合は卵胎生といいます。

6.2.6　有性生殖の特殊な事例

A. 単為生殖

雌雄が明確な生物の卵が精子との受精なしで、自身で発生して子孫をつくる単為発生という現象が、節足動物（例：アブラムシ、ミジンコ、ミツバチ）、輪形動物（例：ワムシ）、植物（例：ドクダミ）などでみられます。

B. 半倍数性

ハチやアリなどの昆虫は真社会性動物といい、配偶子が受精してできる雌（女王バチと働きバチ）と違い、雄は半数体のまま個体になります。このように、単相と複相の両方の個体が存在する性質を半倍数性といいます。

6.3　無性生殖

有性生殖の過程を経ない生殖を無性生殖といい、そのひとつの形式が細菌類でみられる単純な細胞の二分裂です（**図 6-2b**）。真核生物のうち原生生物も条件のよい環境では二分裂で増えます。菌類のうち酵母類は二分裂（例：分裂酵母）あるいは出芽（例：パン酵母）で増え、変形菌（例：タマホコリカビ）は単相多細胞体の細胞がバラバラになり、無性胞子が放散されて増殖します。

多細胞生物が無性生殖で増える例は植物で広くみられます。典型的な例では、イモや球根、地下茎や地上の栄養体、伸びたツルの先で根を張る匍匐枝（ほふくし）で増えるもの（例：オランダイチゴ）などがありますが、いずれも複相の組織（栄養体）で増えるので、まとめて栄養生殖といいます。ヒドラのような動物は身体の一部から個体を成長させられます。身体の一部の細胞や組織から人為的に個体を作成する場合はクローン増殖といい、植物における挿し木や培養細胞から多数の個体をつくる行為が含まれます。

6.4 生殖細胞をつくる減数分裂

6.4.1 減数分裂の進み方

有性生殖をおこなう複相の個体が単相の胞子や遊走子、卵や精子といった配偶子をつくるための細胞分裂を減数分裂といいます（**図 6-4**）。始原生殖細胞が元となり、動物の場合、卵は卵巣で、精子は精巣でつくられます。精子形成の場合、まず精原細胞ができ、それが増殖し、そこからできた精母細胞が DNA 複製を経て細胞分裂（減数第一分裂）します。このときの分裂は体細胞分裂とは違い、倍加した一対の相同染色体のそれぞれが娘細胞に分配されます（この段階の DNA 量は複相に相当）。特徴的なことは、このあとに DNA 複製がおこらず、すぐに細胞分裂（減数第二分裂）がおきることです。分裂により倍加した各染色体に由来する 2 本の染色分体が別々の細胞に分配されます。この時点でゲノム（単相）相当量の DNA をもつ 4 個の精細胞ができ、精細胞の成熟を経て精子となります。減数分裂ではこのように 1 個の卵母細胞あるいは精母細胞から 4 個の配偶子ができます。

図 6-4　減数分裂の概要

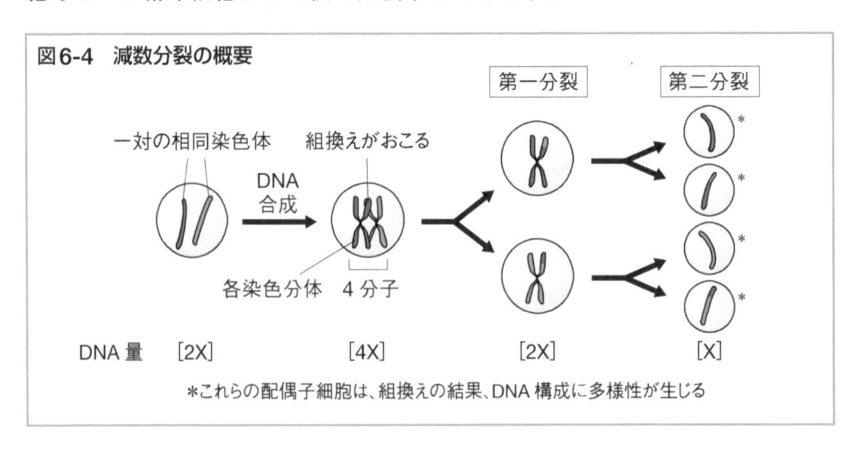

6.4.2　減数分裂では遺伝子の組換えがおこる

減数第一分裂期、複製を終えた一対の相同染色体がゆるく結合した4分子という状態をつくります。すると相同染色体間で染色分体が接触する染色体乗り換えが高頻度におこるため、染色分体が点で接触した像「キアズマ」が多数観察されるようになります。キアズマ領域における染色体交差（染色体乗り換え）の結果、DNAの相同な部分で相同組換えがおこりますが、分裂後期になると組み換わった相同染色体が両細胞に分配されます。組換えは遺伝子の多様性を高めるための現象ですが、染色分体が分配されるためにも必要と考えられています。

6.4.3　巨大な動物の卵はどのようにしてできる？

卵の形成も精子と同じように卵原細胞→卵母細胞→卵と進みますが、動物の卵形成では、1個の卵母細胞から卵は1個しかできず、ほかは細胞質をほとんど含まない痕跡的な細胞（極体）となって廃棄されます。卵として残る一次卵母細胞は時間をかけて大量の細胞質をもつ巨大細胞に成長しますが、この期間はヒトでは10年以上にも及びます。この細胞が性ホルモンで刺激されると減数第一次分裂が終わり、すぐに減数第二分裂に入ります。

6.4.4　動物卵の受精と第二分裂の完了

実は哺乳動物の受精では、精子が侵入する細胞は完成した卵ではなく、細胞質分裂のまだ終わっていない二次卵母細胞の状態です。受精した細胞では細胞質分裂が進行し、一方の微小細胞が極体として放出され、単相の雌性前核（☞融合する前なので前核という）は細胞に残ります。できた受精卵には精子由来の雄性前核もあるので複相となります。つまり卵の減数分裂は受精によって完結することになります。その後、おのおのの前核でDNA複製がおき、続いて体細胞分裂して2個の細胞になります。

6.5 動物の発生：受精卵から個体になるまでの過程（図 6-5）

6.5.1　初期胚の形成まで

A. 胚の形成

前項で述べたように受精卵はすぐに分裂して 2 個の細胞となりますが、ここから先の細胞集団は胚とよばれます。この状態で、極体のあるほうを動物極、反対側を植物極といいます。初期の細胞分裂である卵割の形式は動物の種類で異なり、マウスは均等におこり、鳥類は卵の一部でおこり、ハエは表面でおこります。

B. 胚の成長と初期胚形成

卵割により胚は 4 細胞期、8 細胞期…と細胞数を増やしていきますが、卵割中は細胞分裂後すぐに DNA 複製→次の細胞分裂と進むので、細胞の大きさはどんどん小さくなっていきます。胚は桑の実状の桑実胚を経て、カエルの場合は受精後約 20 時間後には個々の細胞が判別できないほどの多細胞の胚（胞胚。ヒトの場合胚盤胞ともいう）になります。ここまでの胚を初期胚といい、細胞にはまだ個性がみられません。胞胚は内部には空間（胞胚腔）をもち、哺乳類などではこのなかに内部細胞塊という未分化な細胞集団が存在します。

図6-5　動物の発生（カエルの例）

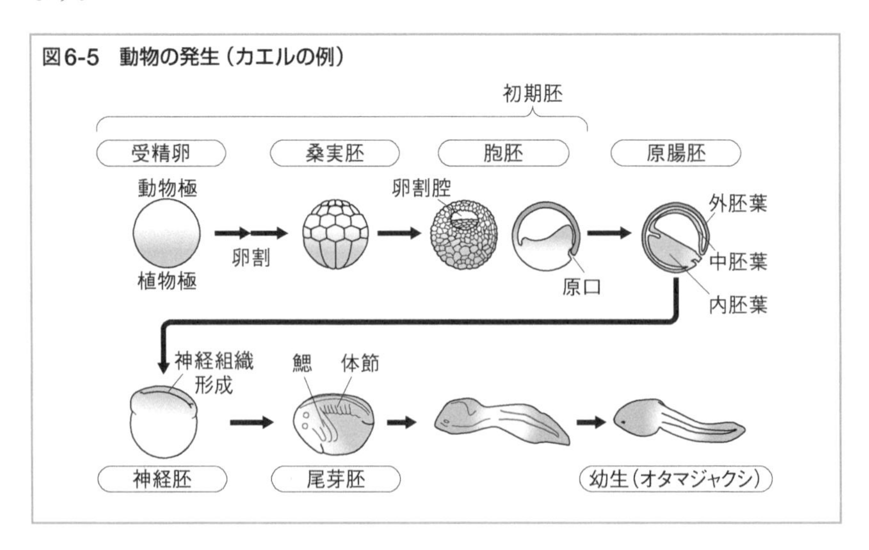

6.5.2　胚の組織分化がおこり、形態形成が進む

A. 原腸胚形成

多細胞生物個体は胞胚の細胞分裂と分化・形態形成を経て形成されます。カエルを例にとると、胞胚の一部に原口という陥入部ができ、そこから細胞層が内部に陥入し、消化管の原形である原腸ができ原腸胚が形成されます。脊椎動物などの新口動物（後口動物）（**図1-4**（p.10）参照）では原腸は原口の反対側に伸びて外部に貫通し、口になりますが、旧口動物（前口動物）では原口が口になります。

B. 胚葉の分化

原腸胚ではもともと胚の表面と内部にあった部分がそれぞれ外胚葉と内胚葉となり、陥入した部分は中胚葉となります。以降は細胞に個性が表れ（分化する）、各胚葉から種々の組織・器官ができてきます（例：内胚葉＝内臓、肺。中胚葉＝骨、筋肉。外胚葉＝神経系、表皮）。発生過程ではまず原腸胚の動物極側（背側）が陥入して神経組織ができ、胚の上下と前後が明瞭になります（神経胚の形成）。続いて筋肉の出発組織である体節や鰓（えら）のような構造ができ（尾芽胚の形成）、カエルの場合はその後オタマジャクシ型の幼生になるための形態形成がおこります。

6.5.3　発生は遺伝子発現制御の連続によって進む（図6-6）

複雑な発生過程はなぜ間違いなく進むのでしょうか。細胞の分裂とそれにともなう分化や形態形成が、転写制御因子などによる順序立てた遺伝子発現によっておこることが、ショウジョウバエなどの研究から明らかにされました。卵が形成されるとき、すでに将来の頭と尾になる側では母性効果遺伝子の産物である転写調節因子（例：ビコイド、ナノス）の濃度勾配ができており、これが体の前後軸の決定要因となります。類似の機構で背腹軸の方向も決まります。これら初期の遺伝子発現制御情報を受け、続いてギャップ遺伝子群→ペアルール遺伝子群→セグメントポラリティー遺伝子群（☞転写調節タンパク質やその発現にかかわる情報伝達因子などの遺伝子）が順に働いて特異的な体節ができ、最終的には各体節が個性を現すための転写調節遺伝子（ホメオティック遺伝子）が働き、おのおのの体節に特異的な組織や器官

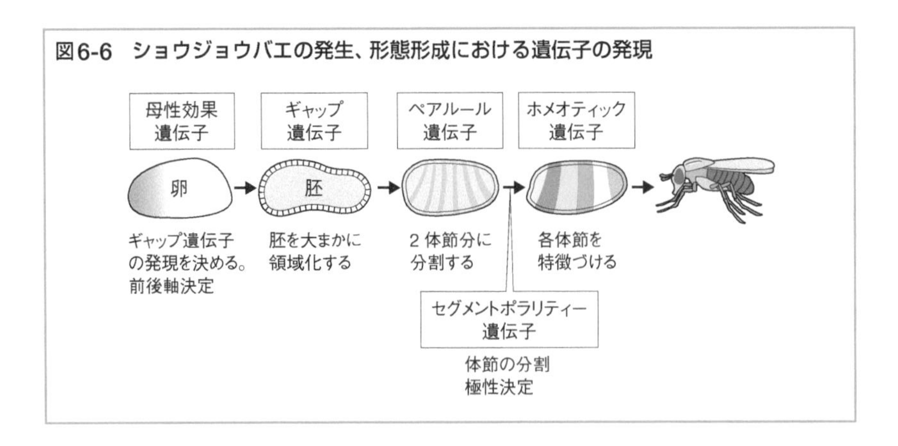

図6-6　ショウジョウバエの発生、形態形成における遺伝子の発現

（例：脚、羽）がつくられます。ホメオティック遺伝子に変異がおこると頭に脚ができたりします。ハエで見つかったホメオティック遺伝子はヒトにもあり、似た遺伝子は植物の花をつくるためにも働いています。

6.6 細胞の分化や分化細胞の再生

6.6.1　細胞の分化機構と幹細胞

分化する前の元の未分化な細胞を幹細胞といい、自己再生的に増幅すると同時に分化細胞もつくるので（**図6-7**）、幹細胞が幹細胞と分化細胞に分かれて増殖することになります。この現象を不均等分裂といい、それがおこる原因が幹細胞自身にある場合と（例：細胞内因子の分布の偏り）、環境要因にある場合（例：細胞外で作用する調節因子濃度の偏り）があります。

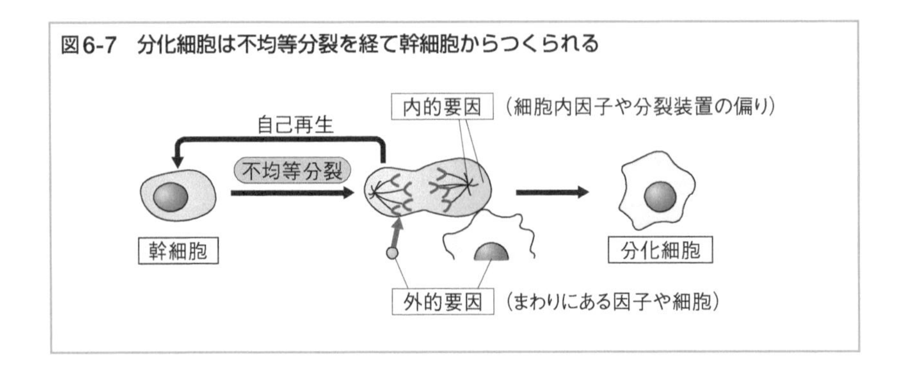

図6-7　分化細胞は不均等分裂を経て幹細胞からつくられる

6.6.2　幹細胞の種類

分化細胞の元になる幹細胞は、それが存在する時期や部位と分化能（☞最終的にどれくらい多様な細胞にまで分化できるか）によって分類することができます。分化能で分類する場合、個体１個分に分化できるか、多数（複数）の組織に分化できるか、あるいは単一の組織に分化できるかで、それぞれの分化能を「分化の全能性」「多分化能あるいは分化の多能性」「単分化能あるいは分化の単能性」と表現します。全能性幹細胞としては生殖幹細胞（例：卵）があり、多能性幹細胞としては胞胚の内部細胞塊から培養化したES細胞（胚性幹細胞）や骨髄に含まれる骨髄間葉系幹細胞があります。単能性肝細胞は成体組織それぞれの部位に組織幹細胞として存在し、通常の生理現象である組織再生（次項）にかかわっています（例：表皮をつくる皮膚にある上皮幹細胞）。以上のように、幹細胞の分化能には階層性があり、下位になるに従って最終分化できる組織の数が限られます。なお、植物には分化の全能性があり、どのような細胞からでも個体が形成されます。

6.6.3　組織の再生

成体の失われた組織を補充するためにおこる分化細胞の増殖を再生といいます。再生能は一般的に進化度の低い動物ほど高く、プラナリアでは切り刻んだ個々の組織断片からでも完全な個体が再生され、イモリでは足を切断してもまた生えてきます。ヒトのような哺乳類でも、皮膚や腸管粘膜のような上皮では細胞が死滅・脱落しているので、それを補うために再生がおこっています。肝臓が一部切除されても元のサイズに戻ったり、切断された骨が元のように結合できるのも再生によるものです。いずれの場合も再生のおこる部位には組織幹細胞が存在しています。

6.6.4　分化のダイナミズムと可塑性

遺伝子発現を変化させることにより分化状態を人為的に操作することが可能で、事実、筋肉幹細胞に１個の転写調節タンパク質遺伝子を入れるだけで筋肉に分化させることができます。分化した体細胞に未分化状態を維持する転写調節因子遺伝子をまとめて（例：*Klf-4* と *c-Myc* と *Oct4* と *Sox2*）発現さ

図6-8　細胞に遺伝子を導入して幹細胞（iPS細胞）をつくる

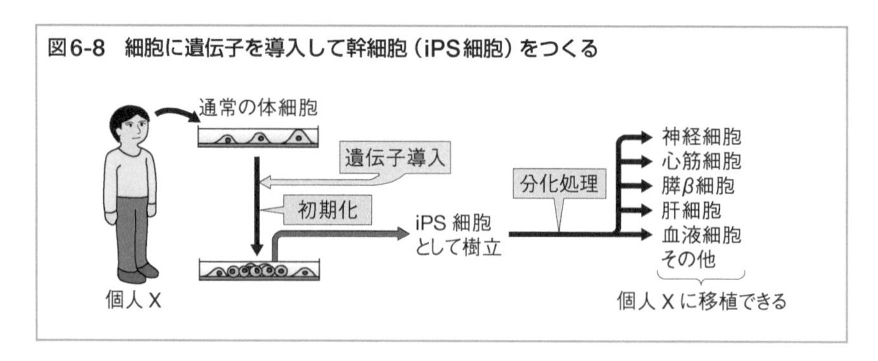

せると、分化度の低い細胞に変化（脱分化）して幹細胞状態になり（☞初期化ともいう）、ES細胞のような多能性幹細胞をつくることができます（**図6-8**）。このような細胞を人工多能性幹細胞（iPS細胞）といい、山中伸弥博士によって初めて樹立されました（**14.3.2項**（p.207）参照）。操作によってはAという分化細胞をBという細胞に分化させることもでき（分化転換）、たとえばイモリの目の水晶体を除くと周囲にある虹彩細胞が分化転換して水晶体になります。このように、細胞がさまざまな要因で分化状態を変える性質を分化の可塑性といいます。

章末問題

1 細胞融合／受精を介して生殖にかかわる半数体細胞を一般に何というでしょうか。動物の受精卵は何倍体でしょう。

【答え】配偶子。二倍体

2 無性世代あるいは胞子体の個体が有性世代あるいは配偶体の個体をつくるために経る必須の生命（細胞）現象を何というでしょうか。

【答え】減数分裂

3 普段目にするコケやシダは単相、複相のどちらでしょう。

【答え】コケは単相、シダは複相

4 無性生殖の様式をあげてください。

【答え】二分裂、出芽、（無性）胞子による増殖、栄養生殖、クローン増殖

5 動物の精子は1個の精母細胞から4個できますが、卵は1個の卵母細胞から1個しかできません。なぜでしょう。

【答え】卵は巨大な細胞質をもつ必要があるため、極端に偏った不均等分裂をおこない、小さいほうの細胞を極体として廃棄する。

6 三胚葉性動物の初期発生で中胚葉はいつどうやってできるのでしょう。

【答え】中胚葉は胞胚の一部が原口から陥入してできる原腸胚の段階で形成される。

7 発生途中で働く体の部分あるいは体節の個性を決定する遺伝子を一般に何というでしょう。

【答え】ホメオティック遺伝子

8 幹細胞、分化細胞、再生の関係について述べましょう。

【答え】個性をもつ分化細胞の元になる細胞を幹細胞という。再生は生体組織の細胞が幹細胞からつくられる現象。

7章 動物の組織と器官

多細胞生物個体は細胞→組織→器官→器官系という階層からなり立っています。組織はある方向に分化した細胞の集団で、通常接着して存在しており、上皮組織、筋組織、結合組織など種類があります。複数の組織が特定の目的を遂行するためにまとまっている場合、その単位を器官といい、肝臓や脳、血液がそれにあたります。複数の器官が物理的・機能的に連携して働く場合はその全体を器官系といい、呼吸系や排出系、循環系など、多くのものがあります。

7.1 細胞→組織→器官→器官系→個体

7.1.1　同種細胞は集まって組織をつくる（表 7-1）

多細胞生物は多くの細胞を含んでいますが（例：ヒトは約37兆個）、それらは特定の細胞が有機的・機能的に集合して組織や器官をつくっています。組織とはある方向に分化した細胞の集団のことで、同一組織内の細胞は安定に接着し、その場に保持されています。同種細胞どうしが結合しあえるのは特

表7-1　動物の組織

組織	例／要素	働き
上皮組織	表皮、毛、腺、消化管内皮	表面の保護、分泌、吸収、刺激の受容
結合組織	皮下の真皮、骨、脂肪組織	体や組織の支持、組織の結合
筋(肉) 組織	骨格筋、内臓筋、立毛筋、血管内壁の筋	体の運動、内臓等の動き
神経組織	中枢神経、グリア細胞、末梢神経	刺激・興奮の伝達
血液*	血球(赤血球など)	運搬、生体防御など

＊組織学的には結合組織に分類される

異的接着タンパク質（例：カドヘリン）が細胞表面にあるためです。組織は上皮組織、結合組織、筋組織（筋肉組織）、神経組織、血液に大別されます。

7.1.2　器官は一連の関連した生体機能を司る（表7-2）

多細胞生物中で、周囲とは明確に区別された特定の目的を果たすためのまとまりを器官といい、複数の組織から成り立っています。血管であれば表層には上皮組織、その下部には結合組織、さらにその深部には筋組織がみられます。肺、心臓、肝臓のような脊椎動物の体幹部（☞いわゆる胴体部分）にある器官は臓器ともいわれます。腎臓と輸尿管と膀胱は物理的にも連結していますが、排出という機能でまとまり、排出系を形成しています。このように個々の器官が共通あるいは類似の役割をもつ場合、その集合の単位（上記であれば排出系）を器官系といいます。器官系にはこのほか、呼吸系、循環系、免疫系、消化系など多くのものがあります。多細胞生物にはこのような細胞→組織→器官→器官系→個体という階層性があります。

表7-2　哺乳動物の器官系

器官系	主な器官	器官系	主な器官
神経系	脳・脊髄・運動神経・感覚神経	循環系	心臓・血管・リンパ管
感覚系	目・耳・鼻・舌	免疫系[2]	骨髄・リンパ節・胸腺・脾臓・リンパ球
筋肉系[1]	骨格筋・心筋・内臓筋・立毛筋	排出系	腎臓・輸尿管・膀胱
骨格系[1]	硬骨・軟骨・関節・腱	生殖系	卵巣・精巣・子宮
消化系	胃・小腸・大腸・肝臓・膵臓	内分泌系	脳下垂体・甲状腺・副腎・膵臓
呼吸系	気管・気管支・肺	外皮系	皮膚・毛・爪

1：両者を合わせ運動系という。骨格筋以外は筋肉系に加えない分類法もある
2：循環系の一部とする分類法もある

動物の組織

7.2　さまざまな組織

7.2.1　上皮組織

上皮は器官などの表層にある1～数層の細胞層からなる組織で、表皮では

図 7-1　小腸の組織

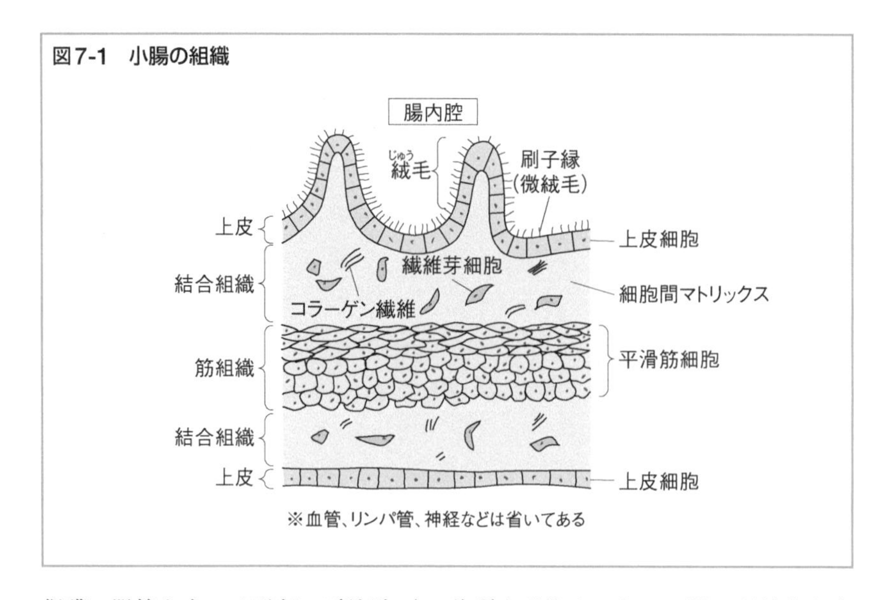

保護、腸管上皮では吸収、唾液腺（☞物質を分泌するための凹んだ筒状上皮からなる構造を腺という）では分泌といったように、それぞれに特異的役割があります。通常、細胞の形は円柱状か扁平ですが、小腸の吸収上皮や聴覚にかかわる感覚上皮のように、細かな毛（微絨毛（びじゅうもう））をもつものもあります（**図 7-1**）。動物の毛、羽毛、鱗（うろこ）は上皮細胞が特殊に分化したものです。皮膚の上皮組織は数層からなり、最表面の細胞は角質化して内部を保護しています。基底部の幹細胞は増殖・分化して表層に移動し、死んで脱落するという表皮の再生がみられます。皮膚上皮の深部には真皮といわれる結合組織があり、さらにその深部には平滑筋組織からなる皮下組織があります。

7.2.2　結合組織

細胞を結合させるなどして全体をまとめる組織を結合組織といいます。一般的には上皮の下部にみられますが、骨や軟骨、脂肪組織、血液も結合組織に含まれます。

A. 上皮下部の結合組織

上皮の直下の基底膜とその下の真皮の部分で、細胞、繊維状タンパク質、そして隙間を埋める基質を含みますが、そこに毛細血管や神経細胞が入り込み、分泌腺、毛髪を動かす筋肉などがみられる場合もあります。結合組織に含まれる細胞としては繊維芽細胞、マクロファージなどの免疫細胞、脂肪細胞があり、大量の糖タンパク質が周囲の細胞基質を形成し、コラーゲンなどもそこに含まれます。血管や腸管では結合組織の下部に平滑筋の層があります。

B. 骨組織

結合組織の特殊なものとして軟骨があります。軟骨は骨芽細胞とその周辺に大量の基質（☞コンドロイチン硫酸やコラーゲンを含む）を含む弾力に富んだ組織です。ここにリン酸カルシウムが沈着して固化したものが骨（硬骨）です。骨組織には組織を形成する骨芽細胞と吸収する破骨細胞があり、バランスをとりながら組織を成長・再生・更新させていますが、それが骨再生や骨の接着にもかかわっています。骨には骨をつくる骨芽細胞と壊す破骨細胞があり、骨の代謝は両者のバランスで決まります。

7.2.3　筋組織と筋肉の収縮

A. 筋肉の種類

運動がみられる部分には筋組織（☞一般には筋肉という）が存在します。典型的なものは腱を介して骨に結合している骨格筋、心臓の心筋や消化管の内臓筋ですが、血管、眼球、皮膚などそれ以外の多くの場所にも筋組織がみられます。血管収縮や毛の逆立ち、分泌腺からの分泌も微細な筋組織の働きによっておこります。筋組織は細長い筋細胞に対して横方向に縞模様が顕微鏡で見える横紋筋と、見えない平滑筋に大別され、強い収縮力が要求される骨格筋と心筋は前者です。骨格筋は意思によって動かせる随意筋ですが、ほかは不随意筋で、制御する神経が異なります。

図7-2　骨格筋の構造

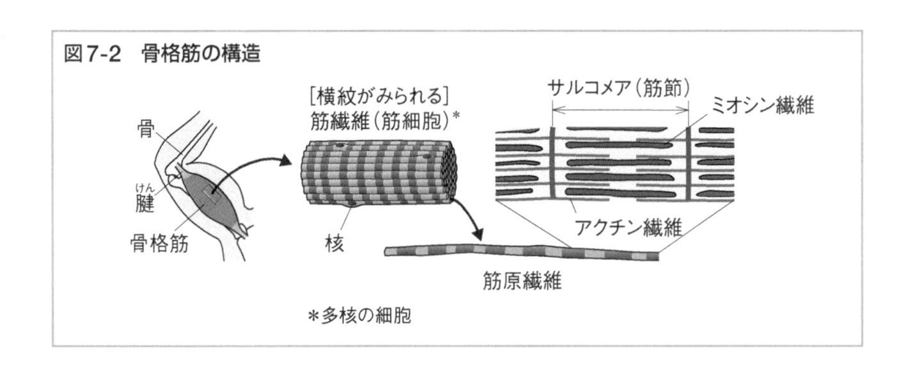

B. 骨格筋の構造（図 7-2）

骨格筋は多数の細胞が融合した多核の巨大細胞です。筋肉は筋細胞（筋繊維ともいう）が束になったもので、内部には細長い筋原繊維が何本もあり、そこにサルコメアという収縮の単位の構造が縦列して存在しています。サルコメアはアクチンとミオシンという繊維タンパク質が交互に重なった構造をもち、さらにいくつかの付随タンパク質（例：トロポニン、タイチン）もあります。筋収縮はアクチン繊維がミオシン繊維に引き寄せられるためにおこりますが（滑り仮説）、ミオシンはATPの加水分解エネルギーを利用して力を生み出すモータータンパク質です。

C. 筋収縮機構

神経刺激が骨格筋細胞に到達すると細胞内のカルシウムイオン濃度が上がり、それがトロポニンやトロポミオシンの位置を変化させ、結果的にミオシンがアクチンに付着でき、アクチン繊維を引き寄せて収縮がおこります。サルコメア1個の収縮力は弱いものの、それが連なった筋原繊維、さらにそれが筋細胞という束になることによって大きな力が発揮されます。

7.3 血液

7.3.1 血液と血液細胞（図 7-3、表 7-3）

A. 血液成分

血液は結合組織に分類されます。通常の血液を、骨髄にある未熟な細胞を含む血液と区別するため、末梢血という場合があります。血液は心臓や血管、

図7-3　血液と血液細胞

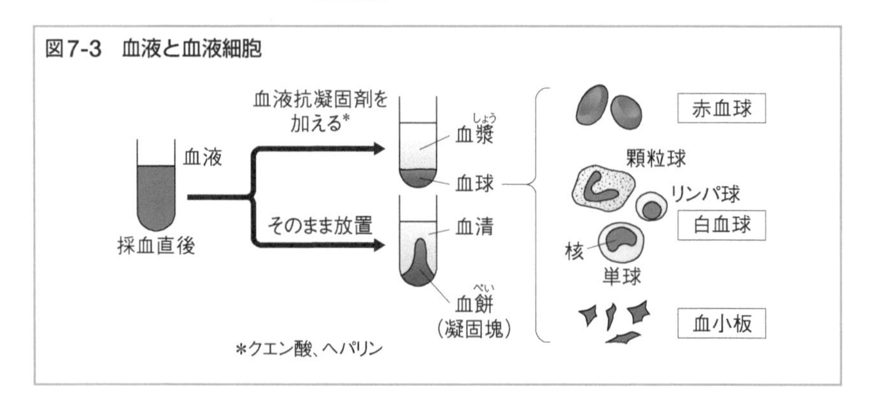

表7-3　血液の組成と役割

				役割
液体成分（血漿）	血清	タンパク質	アルブミン、グロブリン、その他	運搬（水、二酸化炭素、その他）、免疫、血液凝固
		脂質	中性脂肪、コレステロール、リン脂質、その他	
		糖質	グルコース	
		老廃物	乳酸、尿素、クレアチニン、その他	
		その他	アミノ酸、気体、その他	
	フィブリノーゲンと一部の凝固因子			血液凝固
血球	赤血球	$4.5 \sim 5 \times 10^6$ /mm^3、8 μmで偏平、無核、酵素の運搬（ヒトでは無核）		
	血小球	$1 \sim 3 \times 10^5$ /mm^3、1〜4 μmで不定形、巨核球の断片		
	白血球	顆粒球	多型性の核と顆粒をもつ、生体防御、異物処理、食作用	
		単球	組織に入りマクロファージとなる、抗原提示する樹状細胞となる	
		リンパ球	細胞性免疫（T細胞）、体液性免疫（B細胞）、細胞傷害効果に（NK細胞）に関与	

そのほか多くの器官に含まれ、体重の約8%を占めます。血液は液体成分としての血漿と固体成分としての血球（血液細胞）からなります。血漿は組織液やリンパ液と類似の組成で、いろいろな物質（例：アルブミン、二酸化炭素）が溶けています。採血した血液を放置すると凝固しますが、その上澄みを血清、沈殿部を血餅といい、血餅は血球と不溶化した繊維素（フィブリン）との凝集塊で血液凝固反応によって生じます（**7.3.3項**）。

B. 血球

末梢血中には大別して3種類の血球が存在します。いずれも骨髄中の多能性幹細胞を起源とし、最終分化したものが末梢血中に出てきます。鉄原子を含むタンパク質であるヘモグロビンをもつ細胞を赤血球といい、酸素を運びます。血小板は不定形の細胞断片で、主に血液凝固にかかわります。核のある細胞は白血球と総称され、生体防御や免疫反応にかかわり、多くの種類があります。このうち小型の球形のものをリンパ球といい、B細胞（Bリンパ球）、T細胞、NK細胞に分けられます。リンパ球は、抗体産生や細胞認識、細胞傷害などの免疫反応の中心をなします。大型の細胞は単球といい、食作用を示すマクロファージや抗原提示をする樹状細胞に分化します。いびつな形の核と多数の顆粒をもつ細胞を顆粒球といい、好酸球、好中球、好塩基球に分けられ、異物処理などをおこないます。

7.3.2　赤血球の血液型

赤血球表面の血液型物質によって型別に分類したものを血液型といいます。ヒトのABO式血液型はもっともよく知られた血液型で、表面多糖類AとBをコードする2つの顕性遺伝子が単一の対立遺伝子座を占める複対立遺伝の形式をとるため、血液型はA、B、AB、O（オー）に分類されます。なお、A（B）型物質をもつヒトは血清中にB（A）に対する抗体（☞血中の結合性タンパク質。**9.8節**（p.138）参照）があるため、ある血液型物質のヒトにその抗体をもつ血液を輸血すると、体内で激しい免疫反応がおこり（☞抗体によって血球の凝集反応がおこり）危険です。アカゲザルのタンパク質Rhを血液型物質としてもつ人をRh^+、もたない人をRh^-といい、多くの人はRh^+です。Rh^-の人がRh^+の輸血を受けるとRhに対する抗体ができるため、2回目の輸血はできません。Rh^-の人がRh^+の子を妊娠しても、出産時に胎児の血液に触れるのでやはり同じ問題がおきます。血液型はほかにもいろいろありますが、不適切な輸血がとくに問題になるのは主にこの2つです。

7.3.3　血液凝固

血液が出血や血管傷害などのストレスを受けると凝固します。本来は出血部をふせぐ生理的反応ですが、強すぎると血中に血栓（☞血液凝集塊）ができやすくなり、低下すると出血しやすくなります。血液凝固は血漿、血小板、血管内皮に含まれる多くの血液凝固因子の連鎖反応によっておこりますが、最終的に可溶性のフィブリノーゲンがトロンビンによって不溶性の繊維素（フィブリン）となり、血餅が形成されます。血液凝固因子は基本的にはタンパク質を限定的に分解する酵素（プロテアーゼ）で、その反応は自身が限定分解されて酵素活性をもち、それが下流の酵素を活性化するという連鎖反応で進みます。酵素活性にはカルシウムイオンが必要ですが、クエン酸はカルシウムイオンと結合して補足し、血液凝固因子を活性化させないので、抗血液凝固剤として使えます。肝臓などでつくられる複合多糖のヘパリンも抗血液凝固作用があります。ある種の血液凝固因子が遺伝的に不足する疾患として血友病が知られています。

動物の器官

7.4 循環系と呼吸系

血液、リンパ液、心臓をあわせて循環系といい、肺でのガス交換と密接に連携します（**図 7-4**）。このほか、骨髄は造血にかかわり、脾臓（ひぞう）は血液の貯蔵と赤血球の破壊にかかわります。

7.4.1 心臓

心臓は胸骨の奥にある握りこぶし大の器官で、血液を送るポンプの役目をもっています。心臓の拍動は神経系の制御も受けますが、自身にも独立した刺激伝導系があり、自律的に拍動することができます。内部は 4 つの空間に分かれ、血液は全身→右心房→右心室→肺→左心房→左心室→全身へと流れます。左心室→全身→右心房を体循環、右心室→肺→左心房を肺循環といいます。体循環は養分や酸素の供給と老廃物や二酸化炭素の回収に、肺循環は酸素の供給と二酸化炭素の排出にかかわります。

7.4.2 血管

心臓から出る血管を動脈、末梢から心臓に向かう血管を静脈といいます。

図 7-4　循環系

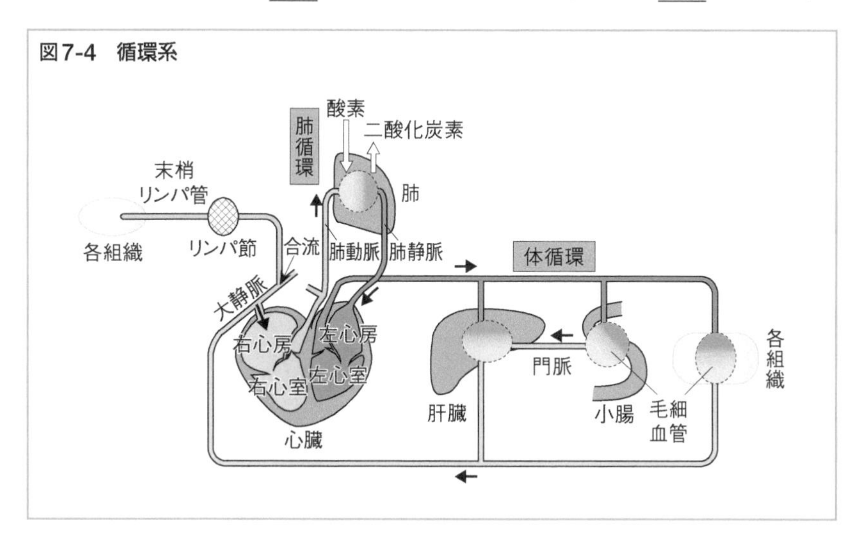

動脈は体の比較的深部を通り、血圧がかかるために厚い血管壁をもっていますが、静脈の壁は薄く、比較的身体の表層を通り、内部には逆流を防ぐ弁があります。組織内にある動脈と静脈の連結部分の細い血管を毛細血管といいますが、毛細血管からは血漿成分が組織液としてしみ出しており、そこで細胞との間で酸素や栄養素を含む物質の移動がおこります。毛細血管から毛細血管へ連絡する血管は門脈といいます（例：小腸→肝臓）。以上のような血管系を閉鎖血管系といいますが、無脊椎動物は毛細血管のない開放血管系をもっています。

7.4.3　リンパ系

毛細血管からしみ出た組織液はリンパ液として末端の閉じた末消の毛細リンパ管に入ります。リンパ管は心臓に向かいますが、合流するに従って太くなり、リンパ節（リンパ腺ともいう。脇の下、脚の付け根、首、腹腔などにある）を経由して胸管から鎖骨下静脈に入り血液と合流します。この全体をリンパ系といいます。リンパ管内部には弁があり、筋肉の動きによって自然に流れができます。

7.4.4　肺とガス交換

呼吸系には口と鼻、気管、肺が含まれます。肺には末端に向かって枝分かれした気管支があり、その先端に肺胞（☞肺の機能細胞）があります。肺胞表面には毛細血管があり、そこで酸素が赤血球中のヘモグロビンに結合し、血漿中の二酸化炭素は排出されます。肺でおこなわれるこのような気体の移動をガス交換といい、組織中の毛細血管でおこっています。細胞内のミトコンドリアでおこる有酸素呼吸を内呼吸というのに対し、ガス呼吸は外呼吸ともいわれます。酸素は酸素分圧の高い肺胞ではヘモグロビンに結合し、組織内のような酸素分圧の低いところではヘモグロビンから離れて組織液に溶け込みます。また組織のような二酸化炭素濃度の高いところでは酸素とヘモグロビンとの結合がさらに弱くなり、他方、酸素の多い肺胞では二酸化炭素が血漿に溶けにくくなるという現象がみられます。

7.5 消化系

7.5.1 消化

口（口腔）から肛門までの全体を消化管といい、食物の消化と栄養素の吸収をおこないます（**図7-5**）が、口以外では消化効率の促進と内容物を下流に送り出すための蠕動運動（管をしごく動き）がみられます。消化に必要な酵素などを産生・分泌する組織や器官（例：唾腺、肝臓、膵臓）を消化腺といい、消化管とあわせて消化系を構成しています。消化は化学的には食物に含まれる栄養素（高分子物質であるデンプンなどの糖やタンパク質、脂質）を構成単位の低分子物質近くにまで加水分解することで、これにより吸収が容易になります。

7.5.2 消化管における消化・吸収

A. 口から胃

口は食物を咀嚼する器官で、唾腺（唾液腺。☞耳下腺、顎下腺、舌下腺）からの唾液分泌で食物に水分を含ませ、酵素（アミラーゼ）でデンプンを部分的に消化します。内容物は食道から噴門部を通って胃に入ります。胃では塩酸を含む胃酸（☞殺菌作用がある）とタンパク質分解酵素のペプシン（☞タンパク質を大まかに分解する）を含む胃液が分泌されます。

B. 十二指腸

胃の内容物は幽門部を通って十二指腸に送られます。十二指腸は小腸の一

図7-5　消化系の全体

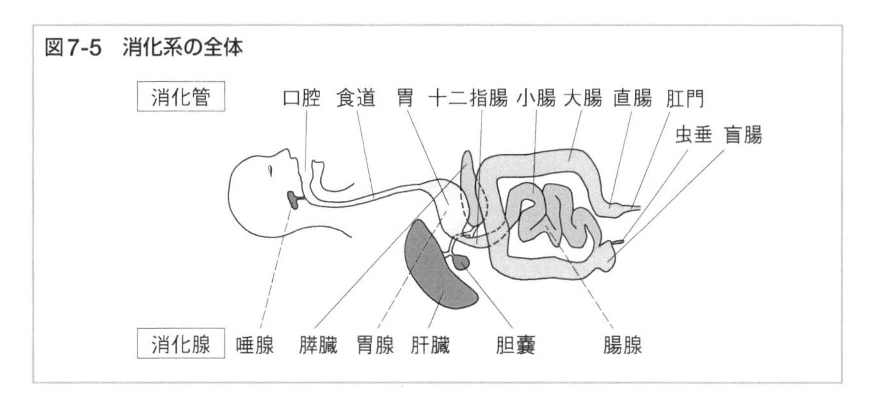

部で、胆汁、膵液という消化液が分泌されますが、これらが塩基性のために内容物の pH が中和されます。肝臓や胆嚢から分泌される胆汁には界面活性剤である胆汁酸が含まれているので、脂肪が分散し、消化酵素が効きやすくなります。膵臓から分泌される膵液には多くの加水分解酵素が含まれています。脂肪はリパーゼによって脂肪酸と（モノ）グリセリドとなり、デンプンは二糖（マルトース）程度にまでに、タンパク質は種々の酵素（例：トリプシン、キモトリプシン、カルボキシペプチダーゼ）でアミノ酸数個のペプチドまで加水分解されます。膵液には核酸分解酵素も含まれます。

C. 小腸

小腸は十二指腸の次に空腸、回腸と続きます。小腸の内壁には襞があり、さらにその上皮も細かな襞状になっていて、上皮個々の細胞には細かな毛がぎっしりとついていて刷子縁という構造をとっています。以上のような構造は内壁の表面積を大きくする効果をもち（☞テニスコート 2 面分にも及ぶ）、吸収効率の上昇に効いています。刷子縁からは消化酵素も分泌され、タンパク質は種々のペプチダーゼによってアミノ酸までに、デンプンはマルターゼによってグルコースまでに完全に分解され、刷子縁から吸収されて毛細血管に入り、門脈から肝臓へ運ばれます。脂肪酸とグリセリドは中性脂肪（＝トリグリセリド）に再構成されたのち、毛細リンパ管（☞乳び管）に入ります。

D. 大腸

小腸の下流にある盲腸から肛門までを大腸といいますが、大部分を結腸、最後部を直腸といいます。盲腸には虫垂が付着しており、草食動物ではいずれも発達して、実際に消化に役立っています。大腸の内壁に襞はなく、機能は水の吸収と糞便の形成です。大腸には多くの常在細菌（大腸菌、乳酸菌）が生息しており、有用物質をつくるなどして腸内環境を維持しています。

7.5.3　肝臓と膵臓

A. 肝臓・胆嚢

肝臓はヒト最大の器官で、小腸を経由した門脈から栄養分などが運ばれます。肝臓ではグリコーゲンの合成や異化を通した血糖量の調節、アルブミンなどのタンパク質やコレステロールなどの脂質の合成、アンモニアや毒物の解毒といった多くの生化学反応がおこなわれています。消化に関してはコレステロールに由来する胆汁酸の合成と、それを胆汁として分泌する機能のほか、赤血球由来のヘムからできる胆汁色素（ビリルビン）をタウリンなどと結合させて胆汁中に分泌するなど、赤血球分解処理という役割もあります。胆汁は胆嚢で濃縮され、総胆管から十二指腸へ分泌されますが、胆汁色素の影響で濃い黄褐色をしています。また肝臓は体温発生の主要器官であり、胎児期には造血もおこなっています。

B. 膵臓

膵臓は肝臓の左側にある器官で、種々の消化酵素をつくって膵液として分泌します。膵液には多くの酵素が含まれ、膵管－総膵管を経て総胆管から十二指腸に分泌されます。なお膵臓は内部に散在する細胞塊であるランゲルハンス島（膵島）でホルモンもつくるので、内分泌器官でもあります。

7.6 排出系と腎臓

不要物、老廃物などを体外へ排出する働きをもつ器官系を排出系といいます。一般的には腎臓、輸尿管、膀胱などからなる泌尿系を表しますが、広義には汗腺や胆嚢を加える場合もあります。

腎臓は腹部の背側に一対あるソラマメ状の器官で、尿を生成することで老廃物の尿素などを排出するとともに、無機塩類や水分の排出量を調節して恒常性を維持し、さらにホルモンを分泌して血圧の調節もおこなっています。腎臓は尿生成の単位である腎単位（ネフロン）が多数集まってできています（**図 7-6**）。ここではまず動脈血が腎小体を形成しているボーマン嚢に入り（☞

図7-6　腎臓の構造と機能

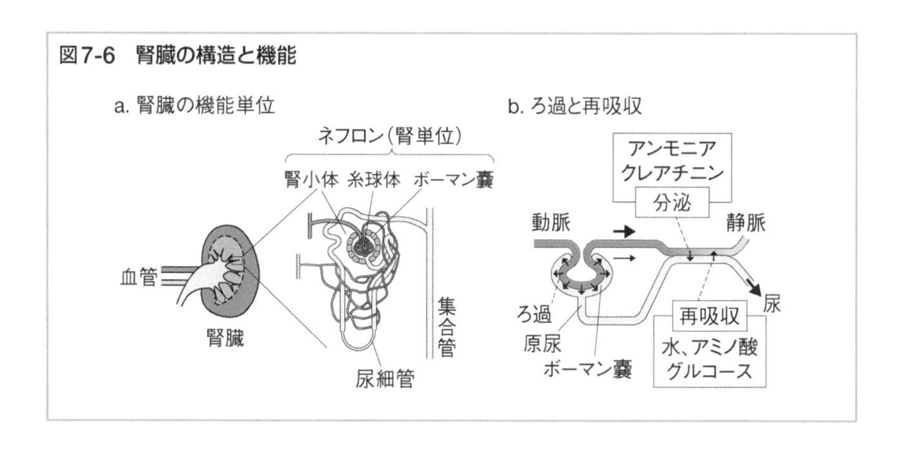

内部の折りたたまれた状態の血管を糸球体という)、水分が濾し出されます。できた液体を原尿といい尿細管に入りますが、その量は非常に多く(1日約150L)、また糖やアミノ酸といった栄養物質も含まれます。そこで尿細管にボーマン嚢から出た毛細血管が再び巻きつき、ここで水分と有効成分の大部分を再吸収し、血液からは老廃物(例:クレアチニン、アンモニア)がさらに排出され、尿が生成します。尿は集合管に集まり、輸尿管から膀胱に導かれます。無機塩類はネフロンでの複雑な吸収や排出の作用によって最終濃度が調節されます。

7.7 感覚系

感覚情報を受けとる器官を感覚器といい、そこにある感覚(受容)細胞は感覚神経から中枢神経系に連絡しています。感覚細胞は細胞に入った物理的、化学的刺激を種々の機構で電気的な興奮(電位の変化)に変換し、その刺激が中枢神経系で感覚として認識されます。

7.7.1 視覚

目は光を受けとる感覚器で、光の入る部分は透明な角膜で覆われ、その奥にはレンズに相当する水晶体があります(**図7-7**)。眼球内部には光が通過できる硝子体があり、光はそこを通って奥の内壁にある網膜に像を結びます。水晶体は中心部が開いた虹彩(☞瞳という)で覆われていますが、虹彩は光が強いと伸びて光の通路を小さくし、光量を調節します。レンズに結合したチン小帯は近くのものを見るときにはゆるんでレンズを厚くし、網膜にピントが合うようにレンズ厚を自動的に調節します。網膜には視細胞があり、双極細胞を介して視神経と連絡しています。視細胞には桿体細胞と錐体細胞がありますが、前者は色の識別能は低いですが弱い光の感受性に優れ、後者は強い光の感受性と色の識別に特化し、明暗の変化に応じて働く細胞の切り替えがおこなわれます。視細胞にある視

図7-7　ヒトの目の構造

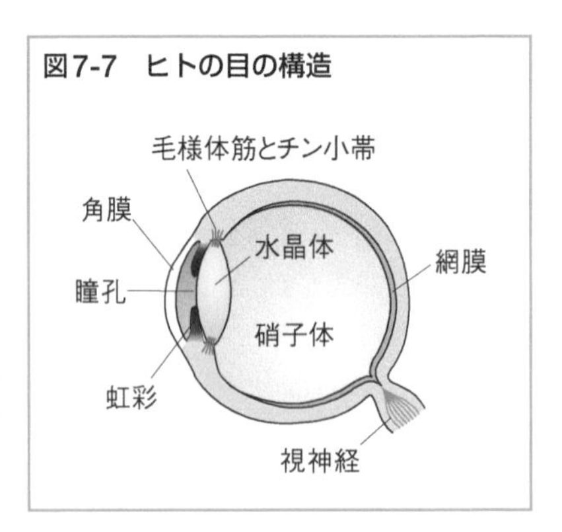

物質（例：ロドプシン）が光で化学変化し、それが細胞の電気的興奮を生み、神経に伝わります。

7.7.2　聴覚と内耳

耳は聴覚器官で、空気振動である音を聴細胞に振動として伝えます。外に見える耳から内部の鼓膜までを外耳、鼓膜からその振動を聴細胞に伝える3種の耳小骨がある部分を中耳、内部がリンパ液で満たされた特異な形態の器官を内耳といいます。内耳は半規管、前庭、うずまき管の3つの部分からなり、聴覚のほか、平衡（感）覚と回転（感）覚を感じることができます。うずまき管には耳小骨が接しており、耳小骨に届いた音波の振動が聴細胞表面の感覚毛を振動させて、細胞の電気的興奮を生み、それが神経に連絡して聴覚として認識されます。半規管（3つの方向性の管があるので三半規管ともいう）内部にも感覚毛をもつ細胞があり、この細胞の繊毛が水流と連動して動くため、回転感覚が認識されます。前庭は傾きを感知して平衡感覚を生み出します。このため内耳の障害はめまいを発生させることがあります。

7.7.3　そのほかの感覚器

A. 味覚

舌には味蕾（みらい）とよばれる味覚細胞の集合体があり、この細胞の受容体が化学物質と結合することで細胞が電気的に興奮して味覚として感じられます。甘味、塩味、うま味など感じるそれぞれの味蕾が備わっています。

B. 嗅覚

鼻口の奥には嗅細胞があり、これが味覚と同じ原理で、化学物質と結合してにおいを感知することができます。イヌは多くの嗅細胞をもっています。

C. 皮膚感覚

上皮には痛みやかゆみを感じる神経があり、真皮には熱さ、冷たさ、圧を感じる神経が感覚細胞とともにあり、種々の皮膚感覚を受容することができます。痛みは一部の内臓や筋肉などでも感じることができます。

D. 重量感覚

重さの感覚は筋肉によって感知でき、その感覚器は骨格筋にあります。

☞ **8章**で神経系と内分泌系、**9章**で免疫系について解説します。

章末問題

1 細胞から個体までの階層を5段階に分けてください。

【答え】細胞→組織→器官→器官系→個体

2 上皮組織の代表的なものをいくつかあげてください。

【答え】表皮、毛、ウロコ、爪、腺／分泌腺、消化管内皮、感覚細胞

3 ヒトの血液細胞を3つに大別するとどうなるでしょう。そのなかで核をもっているものは何でしょう。

【答え】赤血球と白血球と血小板。白血球

4 血液凝固にかかわる血液細胞と最終的に働く凝固タンパク質は何でしょう。

【答え】血小板。フィブリン

5 静脈なのに酸素の多い血液が流れる血管とは何でしょう。

【答え】肺から心臓に戻る肺静脈

6 糖、タンパク質、脂質の代表的消化酵素をあげてください。

【答え】①糖：種々のアミラーゼ、マルターゼ　②タンパク質：ペプシン、トリプシン、種々のペプチダーゼ　③脂質：リパーゼ

7 腎臓の糸球体／ボーマン嚢（のう）からは大量の原尿が産生されますが、実際の尿量はそれよりかなり少量です。その理由を述べてください。

【答え】原尿は尿細管を通るとき毛細血管で再吸収されるが、そこで水の大部分が再吸収されるため。

8 2種類の視細胞の名称と役割を述べてください。

【答え】①桿体細胞（弱い光を感じるが色はあまり識別できない）　②錐体細胞（強い光に応答し、色を感じとる）

9 腎臓で最初にろ過されてできる尿は150Lにもなり、栄養素（グルコース、アミノ酸など）も入っています。実際の尿と、量と組成も違う理由はどうしてでしょう。

【答え】初めに濾（こ）された原尿の再吸収により水分や栄養分が再び呼吸されるため。

8章 神経とホルモンによる身体機能の調節

ニューロン（神経細胞）は膜電位の変化に基づく興奮の伝導とシナプスにおけるニューロン間の伝達によって互いに連絡をとり合っています。感覚器から中枢（脳）に入った神経情報はそこで処理され、その結果が末梢へ向かい、筋肉収縮などがおこります。ホルモンはさまざまな内分泌器官から分泌されて遠くの細胞に作用し、細胞の動態を変化させます。ホルモンは相互に制御しあっており、また神経機能とも連携しながら成長や分化などの動物個体の統御を担っています。

神経系

8.1 神経系の細胞

神経組織を構成する細胞はニューロンとグリアに分けられます。ニューロン（神経細胞）は樹状突起や興奮をほかのニューロンに伝える軸索をもち、電気的変化である神経興奮を担います。ニューロン内での興奮の伝わりを神経伝導、ニューロンをまたいでの興奮の連絡は神経伝達といいます。グリア（神経膠（こう）細胞）はニューロン以外の神経組織構成細胞の総称で、次の３種類があります。アストログリアはニューロンの成長・維持・保護にかかわります。オリゴデンドログリアは中枢神経系において軸索に巻きつく髄鞘（ミエリン）を形成しますが、同様の役割をもつ末梢神経系の細胞にシュワン細胞があります。ミクログリアは脳内の免疫や不要物の処理、ニューロンの修復などにかかわっています。

8.2 ニューロンの活動と連携

8.2.1 細胞の電気的興奮（図 8-1）

A. 静止電位

ニューロンの活動は細胞膜局所に発生する電位［電圧］、すなわち膜電位が元になり、その原動力は細胞膜にあるナトリウムイオン（Na^+）排出とカリウムイオン（K^+）のとり込みをおこなうナトリウムポンプと、イオン通過のon/offをおこなう種々のイオンチャネルです（例：Na^+ チャネル）。細胞はナトリウムポンプによって外部は Na^+ が多く内部は K^+ が多くなっていますが、K^+ チャネルに漏れがあるために陽イオンが細胞内で少ない状態となります。そのため細胞は膜にかかる電位を負にして（約 − 60 mV）電荷をつり合わせています。この電位を静止電位といい、この状態を分極しているといいます。

B. 活動電位

静止電位状態で、− 40 mV 以上の電位がかかると電位依存性 Na^+ チャネルが開き、Na^+ が流入して膜電位はいったん +50 mV になります。これを脱分

図 8-1　ニューロンの膜局所における活動電位の発生

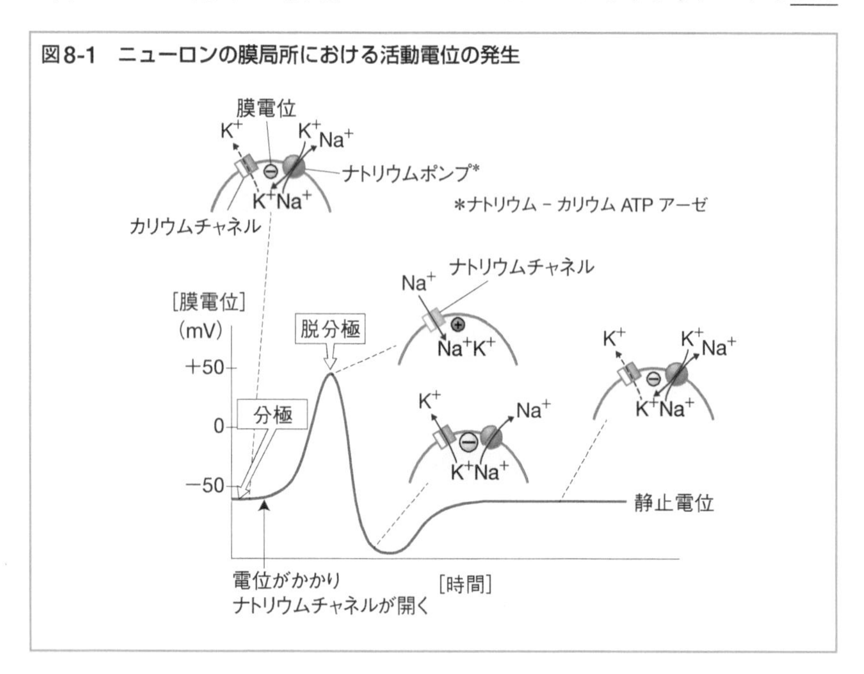

極といいますが、Na^+チャネルはすぐに閉じてしばらく反応しません（☞不応期という）。次にK^+チャネルが開いてK^+が流出し、ナトリウムポンプの作用と相まって細胞内は一気に負になりますが、やがて静止電位に戻って安定化します。この一連の変化を活動電位あるいは神経興奮といいます。

C. 刺激の強さ

活動電位の電圧は刺激の大小に依存せず一定で、発生するかしないかのいずれかになります（☞全か無の法則という）。刺激が強いと活動電位の発生頻度が高まり、また、刺激に接するニューロンが複数ある環境では刺激に応答するニューロンの数が増えます。

8.2.2　興奮の伝導（図8-2）

軸索の根本で活動電位が発生するとそれが刺激となって軸索末端側近傍の興奮の下流側が脱分極します。この反応が隣から隣へと連続的におこり、興奮が軸索末端である神経終末へ移動します。これが神経伝導という現象です。軸索が髄鞘（ミエリン）で覆われている有髄神経では、活動電位が髄鞘部分で発生せず、離れた髄鞘間の隙間（ランビエ絞輪）で飛び飛びに発生します。この跳躍伝導という現象のため伝導速度は非常に速くなります。

図8-2　神経興奮のニューロン内での伝導とニューロン間での伝達

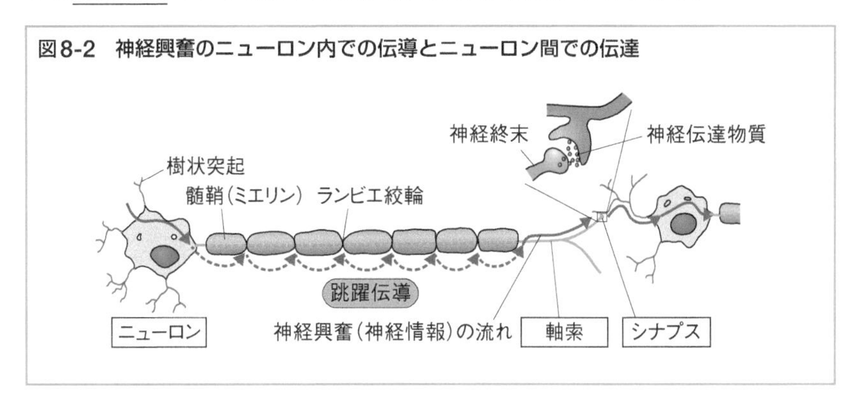

8.2.3　神経伝達とシナプス

A. 化学シナプス

神経終末がほかのニューロンと接する神経間接合部をシナプスといいます。軸索終末のシナプス（☞前シナプス）に到達した興奮はカルシウムチャネルを開き、それが刺激になってそこにあるシナプス小胞から外に神経伝達物質を放出させます。神経伝達物質は情報受け手側ニューロンの細胞膜（☞後シナプス）に達すると、受容体型イオンチャネルに結合してチャネルを開き、イオンを流入させます。後シナプスでは新たな膜電位の変化が生じ、それが後シナプス側ニューロンの活動を誘発します。入るイオンが陽イオンであれば活動電位が発生して神経は興奮しますが、陰イオン（例：Cl^-）が入ると分極度がさらに増して（☞過分極）、神経興奮は抑制されます。神経伝達物質は興奮性シナプスではアセチルコリン、ノルアドレナリン、ドーパミンなどが使われ、抑制シナプスではグルタミン酸やガンマアミノ酪酸（GABA）などが使われます。

B. 電気シナプス

化学物質を使わない電気シナプスでは細胞膜は密着しており、イオンが通過できる小孔をもつギャップ結合という接着構造を形成しています。前シナプスで生じたイオンの流れがそのまま後シナプスに侵入し、後シナプスの細胞膜を分極します。電気シナプスは心筋、平滑筋などにみられます。

8.3 神経系の構成

神経系は中枢と末梢に分けられます。

8.3.1 中枢神経系（表 8-1）

中枢神経系は脳と脊髄からなり、脳は発生学上さらに複数の領域に分けられます（☞外見上は大脳、小脳、脳幹に分けられる）。大脳はヒトではとくに大きく、体性感覚、随意運動、言語や学習、思考や感情を司り、部位による機能分担があります。ニューロンは深部の白質ではなく表層の皮質（灰白質）に集中しています。皮質の多くは進化的に新しい新皮質で、感覚、運動、精神活動を担っていますが、内部の進化的に古い旧皮質や古皮質は本能行動、情動行動、記憶などにかかわります。間脳には視床と視床下部が含まれ、体温調節、恒常性の維持、内臓の自律神経機能、感情と連動する身体的変化などにかかわります。中脳は姿勢制御や眼球運動などにかかわります。橋とそれに隣接する小脳は発生学的に共通で、後脳といい、その後方には延髄があります。橋と延髄は脳各所との連絡場所であるとともに、橋は頭部の運動や

表8-1　中枢神経系の分類と働き

部位				役割
脳	大脳	新皮質		随意運動、体性感覚、感情、意志、言語、視覚、聴覚、理解
		旧皮質・古皮質		記憶、欲求、感覚、本能、自律神経
	小脳			筋肉運動の調和、姿勢制御、運動記憶
	脳幹	間脳	視床	感覚の大脳への中継
			視床下部	自律神経、睡眠、性行動、感情行動
		中脳		姿勢制御、眼球運動、瞳孔開閉、姿勢反射
		橋		頭部の運動と感覚、脳各部の連絡
		延髄		呼吸、循環、消化、頭部反射
脊髄				脳と末梢神経の連絡、脊髄反射

感覚、延髄は呼吸、循環、消化など生命活動の根幹を担い、頭部の反射にもかかわります。小脳は生命維持に必須ではありませんが、大脳と脊髄とも連絡があり、運動の統合と記憶（例：一度自転車に乗れるとその後ずっと乗れる）にかかわります。延髄、橋、中脳、間脳を合わせて脳幹といいます。脊髄は脳神経と末梢神経との連絡や種々の反射（刺激に対して瞬時に反応する現象）にかかわり、灰白質は大脳とは逆で、中心部にあります。

8.3.2　末梢神経系

A. 種類

末梢神経系は脳や脊髄から出て全身に張りめぐらされている神経の全体で、中枢に向かうものと末梢に向かうものをそれぞれ求心性神経、遠心性神経といいます。運動に関するものを運動神経（☞骨格筋に連絡するのは体性神経。内臓運動にかかわる内臓神経は自律神経に属する）、感覚にかかわるものを感覚神経といいます。意思で制御できる随意神経（☞体性神経）とできない不随意神経（☞自律神経）とがあり、骨格筋に入力する随意神経末端部からは筋細胞収縮をおこすアセチルコリンが分泌されます。

B. 自律神経系

意思と関係なく働く自律神経は交感神経と副交感神経に分けられ、分泌腺での分泌、立毛筋や血管の収縮、心臓拍動などとともに運動にもかかわります。緊張で心拍数が上がるといった大脳などを介した働きもみられます。交感神経は活動時に働き（例：心拍数増大、血圧上昇）、他方、副交感神経は休息時（☞交感神経と逆）に働きますが、個々の標的器官には両方の神経が入力し、相反する応答を支配しています。脳から直接出ているものもありますが、多くは脊髄から出ています。交感神経末端からはホルモンでもあるノルアドレナリンが、副交感神経末端からはアセチルコリンが分泌されます。

8.4 神経活動

8.4.1　神経伝達の方向性

中枢－末梢の間では神経伝達は一定方向に（例：感覚神経は求心性）おこりますが、中枢では1個のニューロンでも複数のニューロンからの入力を受け、また複数出力もみられ、さらに伝達方式も興奮性のものもあれば抑制性のものもあります。以上からわかるように、中枢神経系はニューロンの複雑なネットワークで巧みに制御されています。

8.4.2　反射

体性運動は、感覚神経の脳への入力→脳での情報処理→運動神経への出力によっておこり、ある程度時間がかかります。しかし運動のなかには脳の判断を待たず、即座あるいは自律的におこるものもあります。そのような現象を反射といいます。熱いものに手が触れたときに即座に手を引っ込める運動（☞体性反射）や、光が目に入ると瞳孔が小さくなる（☞自律神経反射）などの例があります。反射は感覚神経が運動神経と中枢で直に連絡しているために可能となります。

8.4.3　記憶と学習

記憶や学習は神経活動の状態が継続する神経可塑性に基づいておこると考えられ、そこには神経機能の長期増強や長期抑制といった現象がみられます。可塑性の多くはシナプス機能の効率の上昇で説明されますが、この機構にはニューロンの増加、シナプスの数や面積増加といった物理的変化、神経伝達物質の増加などがあり、長期記憶には遺伝子発現の変化も関与します。

内分泌系

8.5 内分泌系とホルモン（図 8-3）

生体は神経調節のみならず、細胞外にある液性因子によっても調節されます（☞液性調節）。細胞の分泌する因子が血液などを介して遠くの細胞に作用する分泌形式を内分泌（「ないぶんぴ」ともいう）、作用物質をホルモンといい、微量で生理活性を現します（注：消化管や体外への分泌は外分泌）。ホルモン分泌器官には次項に記す多くのものがあり、その全体を内分泌系といいます。ホルモンの多くはタンパク質ですが、ステロイド（例：副腎皮質ホルモン）やアミン（例：アドレナリン）もあります。やはり微量で細胞機能や代謝にかかわる有機物で、体内で十分量つくられず、栄養としてとる必要のあるものはビタミンといいます。

図8-3　内分泌物質（ホルモン）の分泌と作用様式

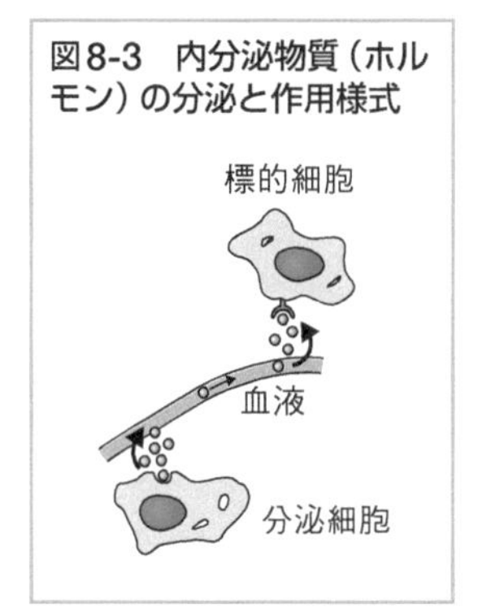

8.6 それぞれの器官から分泌されるホルモン（表 8-2）

8.6.1　視床下部と脳下垂体

A. 視床下部

脳の一部である視床下部の下には下垂体（脳下垂体）が付着しています。視床下部の神経分泌細胞からホルモン放出を促すホルモン（例：成長ホルモン放出ホルモン）が分泌され、それが血管（下垂体門脈）で下垂体前葉に運ばれ、そこで当該ホルモンが新たに合成・放出されます。バソプレッシンなどは神経分泌細胞でつくられたのち、下垂体後葉に直接分泌されます。

B. 下垂体

構造的に3つに区分されますが、ホルモン分泌にかかわるのは前葉と後葉です。前葉からは刺激ホルモン［SH］を含む多くのタンパク質性ホルモンが分泌されます（例：成長ホルモン、副腎皮質 SH）。後葉では神経分泌細胞でつくられたバソプレッシンやオキシトシンが分泌されます。

表8-2　ヒトの体内で働く主なホルモン

内分泌腺		ホルモン→働き
視床下部		種々の放出ホルモン 種々の抑制ホルモン } →脳下垂体前葉ホルモン、中葉ホルモンの分泌を促進（放出ホルモン）または抑制（抑制ホルモン）する ソマトスタチン→成長ホルモンなどを抑える
脳下垂体	前葉	成長ホルモン(GH)→骨の発育、体の成長促進 甲状腺刺激ホルモン(TSH)→甲状腺の機能促進 副腎皮質刺激ホルモン(AVTH)→副腎皮質の機能促進 生殖腺刺激ホルモン(GTH) { 濾胞刺激ホルモン(FSH)→卵巣、精巣の成熟 黄体形成ホルモン(LH)→排卵の誘発と黄体の形成。雄性ホルモンの分泌 プロラクチン(黄体刺激ホルモン：PRL)→乳腺の発達。黄体の刺激
	後葉	抗利尿ホルモン(バソプレッシン)→腎臓での水の再吸収促進。血圧上昇 子宮収縮ホルモン(オキシトシン)→出産時の子宮の筋収縮
甲状腺		チロキシン、トリヨードチロニン→代謝を促進 カルシトニン→血中カルシウム濃度やリン酸濃度の低下
副甲状腺		パラトルモン→血中カルシウムイオン量の増加
膵臓(ランゲルハンス島)	A細胞	グルカゴン→グリコーゲンの分解(血糖量の増加)
	B細胞	インスリン→肝臓でのグリコーゲンの合成(血糖量の減少) 細胞のグルコースのとり込みを促進
	D細胞	ソマトスタチン
	F細胞	膵ポリペプチド→食欲の抑制や摂食行動の制御
副腎	髄質	カテコールアミン→アドレナリンなど。血糖量の増加。血圧上昇。交感神経との協調
	皮質	糖質コルチコイド→血糖量の増加。炎症抑制。物質代謝促進
		鉱質コルチコイド→血中のNA^+とK^+の量を調節。炎症促進
生殖腺	精巣	雄性ホルモン(アンドロゲン)→テストステロンなど。雄性形質(二次性徴)の発現
	卵巣	濾胞ホルモン(エストロゲン)→エストラジオールなど。雌性形質(二次性徴)の発現 黄体ホルモン→プロゲステロンなど妊娠の維持。排卵抑制
胃の幽門部		ガストリン→胃液の分泌を促進
十二指腸内壁		セクレチン→膵液の分泌を促進

8.6.2　甲状腺、副甲状腺

のどの位置にあり気管に付随する甲状腺からは、異化（**3.4 節**（p.41）参照）と活動促進（例：酸素消費、糖新生、脂肪分解）にかかわるヨードを含む甲状腺ホルモン（チロキシン、T3）が分泌されます。血中カルシウムやリン酸を下げるカルシトニンも甲状腺から分泌されます。甲状腺に付随する副甲状腺（上皮小体ともいう）から分泌されるパラトルモンはカルシウムに関してカルシトニンと反対の作用を発揮します。

8.6.3　膵臓のホルモン

膵臓のランゲルハンス島［膵島］でつくられますが、そのうちのA細胞（α細胞）はグルカゴンを、B細胞（β細胞）はインスリンを分泌します。グルカゴンはグリコーゲン分解や糖新生を盛んにして血中グルコース（血糖量）を高め、インスリンは細胞のグルコースとり込みを盛んにすることで血糖量を下げます。血糖量が高いとグルカゴン分泌は抑えられ、インスリンは高まります。膵島ではこのほか、D細胞からソマトスタチンが、F細胞からは膵ポリペプチドが分泌されます。

8.6.4　消化管ホルモン

消化系に入る消化管上皮は消化管ホルモンも分泌しますが、あるものは脳でもつくられ、脳腸ペプチドといわれます。胃でつくられるガストリンは胃酸分泌や腸粘膜上皮の増殖を促します。コレシストキニンやセクレチンは十二指腸や小腸でつくられ、それぞれ胆汁や膵液の分泌促進、膵液pHの上昇にかかわります。

8.6.5　副腎から分泌されるホルモン

副腎は腎臓上部の器官で、組織的に外側（皮質）と内側（髄質）に分けられます（☞皮質は中胚葉由来、髄質は外胚葉由来）。

A. 副腎皮質ホルモン

複数のステロイドホルモンが分泌されますが、ミネラルコルチコイド［MC］とグルココルチコイド［GC］に大別されます。アルドステロンなどのMCは腎臓での電解質吸収を介したミネラル分の調節と水分再吸収を介して血液量や血圧の調節をおこない、その分泌はレニン－アンギオテンシン系で調節されます。コルチゾールなどのGCは脂肪分解や糖新生の促進とグルコースのとり込み抑制を介して血糖量上昇にかかわります。免疫抑制能があるので抗消炎剤としても使用されます（例：デキサメタゾンなどの人工ステロイド）。

B. 副腎髄質ホルモン

髄質からは種々のカテコールアミン（例：アドレナリン、ノルアドレナリン、ドーパミン）が分泌されますが、アドレナリンとノルアドレナリンはα受容体やβ受容体をもつ細胞に作用して、血圧上昇、血糖上昇、血管収縮などをおこす、逃走と闘争にかかわるホルモンです。神経系との関連が深く、ノルアドレナリンは交感神経伝達物質そのもので、神経に直接作用できます。ホルモン分泌も交感神経支配を受け、精神的緊張や血圧低下で上昇します。

8.6.6　生殖腺

生殖腺のステロイドホルモン分泌は下垂体の卵胞［濾(ろ)胞］刺激ホルモン［FSH］と黄体形成ホルモン［LH］の支配を受けます。卵巣ではFSHは二次性徴発現にかかわるエストロゲン（☞卵胞ホルモンや濾胞ホルモンともいう）の分泌を促進させ、LHは排卵を誘発して黄体を形成させて、黄体ホルモン（☞プロゲステロン）を放出します。これらのホルモンの働き方の組み合わせで、排卵、妊娠の維持、出産といった生理的な変化が順におこります。妊娠中は胎盤からも種々のホルモンが分泌されます。男性ではLHによって精巣からアンドロゲン（男性ホルモン）分泌が促進され、精子成熟がおこります。

8.7 ホルモンによる高次生体制御

8.7.1　ホルモン分泌の調節

チロキシンの場合、まず視床下部で甲状腺刺激ホルモン放出ホルモン（TRH）が出され、それが下垂体前葉に到達して甲状腺刺激ホルモン分泌を促します（**図8-4**）。放出されたホルモンが甲状腺に運ばれ、そこでチロキシンが分泌され、全身の細胞に作用します。いくつかのホルモンにはこのような階層的支配があり、視床下部からのホルモンはその最上位に位置します。ホルモンの神経支配も重要です。視床下部でのホルモン分泌は神経支配を受け、また、ある種のホルモンは神経伝達物質です。チロキシンの場合濃度が下がる（上がる）と視床下部がそれを感知してTRHの分泌を高め（下げ）るといったフィードバック調節や、対立する性質のホルモンによるホルモンの拮抗作用といった現象も広くみられます。

図8-4　ホルモン分泌調節（チロキシンによる例）

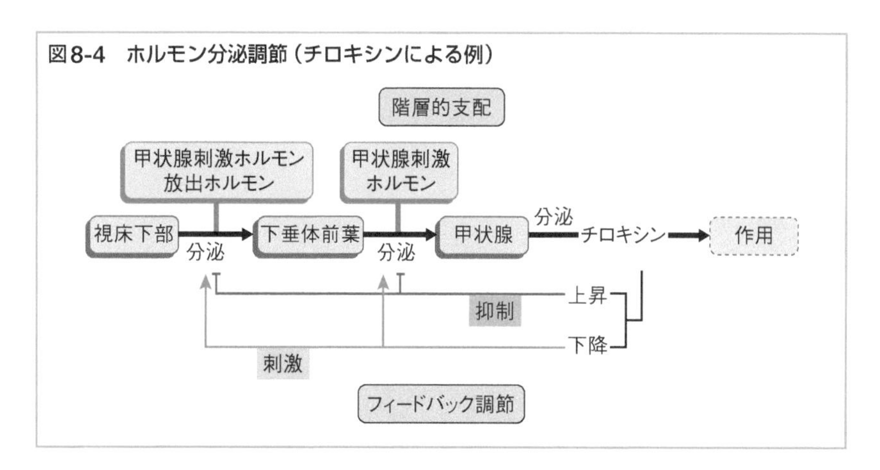

8.7.2　恒常性の維持

A. 概論

生体の状態を一定に保つことを恒常性の維持といい、自律神経系とホルモンによって調節されます。ホルモンが恒常性維持に働いている例には血圧、血液量や血中イオン濃度、血糖量、カルシウムイオン濃度（Ca^{2+}濃度）、体温（☞上昇にアドレナリン、甲状腺ホルモンなどが関与）などがあります。

B. 塩分と水分の調節（図8-5）

血中の水分減少や塩分増加で血液量減少が感知されると下垂体からのバソプレッシン（BP）が腎臓に働いて水の再吸収を高めて血液量を増やします。レニンが腎臓から分泌されてアンジオテンシンⅡを増加させ（レニン-アンジオテンシン系）、飲水行動とBP分泌がおこります。血液減少や塩分増加があると、尿量増加、BP、飲水行動を抑える心房性ナトリウム利尿ホルモン（ANP）が減って血液量が増えます。塩辛いものを食べて水が飲みたくなるのはこのためです。アンジオテンシンIIは腎臓からアルドステロンを分泌させ、これにより腎臓でナトリウムイオン（Na^{+}）の再吸収が上がるために血液浸透圧が上がり、血液が水分を保持しやすくなります。

C. 血圧の調節

血圧は血液量増加と血管収縮で上がります。血管の収縮・弛緩は自律神経で制御され、緊張時は交感神経が血管収縮に働くので血圧は上がり、睡眠時は副交感神経が血管弛緩に働くので血圧は下がります。血圧の調節は上述の塩分と水分の調節に密接に連動します。血液量や Na^+ が増えると生体は血圧を上げて腎臓からそれらを排出しようとし（☞食塩の過剰摂取が高血圧を引きおこす理由）、そこでレニン-アンジオテンシン系（アンジオテンシンは血管を収縮させる）が働き、水分を増やすアルドステロン分泌も高まります。血管収縮に Ca^{2+} が必要なため、Ca^{2+} が増えると血圧も上がります。ほかにもキニンは血管を拡張させ、カテコールアミンとANPはそれぞれ血圧を上げたり下げたりします。

D. 血糖量の調節

血糖量（血中グルコース濃度）は約0.09％に維持されています。低血糖になると危険であり、逆に高血糖が続く糖尿病になると血管がもろくなってさまざまな疾患リスクが高まるため、生体はホルモンによって血糖量を安定化させるようにしています。血糖量が下がると、視床下部がそれを感知していくつかの内分泌器官に情報を伝え、グルカゴンやそのほかのホルモン（例：アドレナリン、コルチゾール）が分泌されて肝臓での糖新生やグリコーゲン分解が高まり、血中にグルコースが放出されます。血糖量を下げるホルモンはインスリンだけですが、インスリンはグルコースの細胞内へのとり込みを

図8-5　血圧と血液量／塩分量の調節

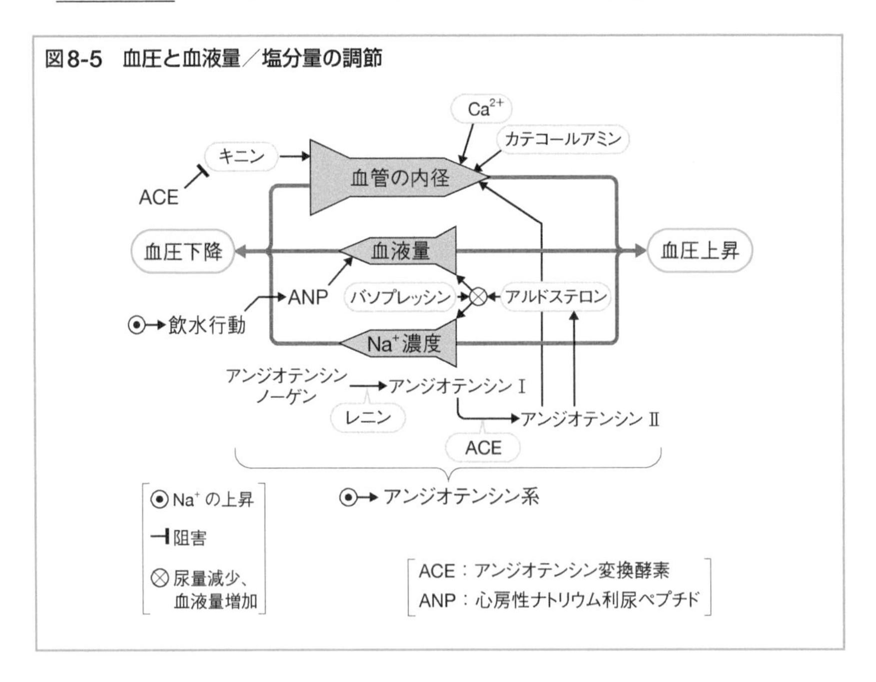

促進することによって血糖量を下げています。

E. カルシウム濃度の調節（図 8-6）

血中カルシウムイオン（Ca^{2+}）濃度は小腸でのカルシウム吸収、骨代謝、腎臓での Ca^{2+} の排出と再吸収、そして骨形成を促進するカルシトニンと、骨から血液への Ca^{2+} 移行（骨吸収）を高めるパラトルモンという2種類のホルモンで決まります。パラトルモンで合成が促進されるビタミンDは骨吸収を高め、Ca^{2+} の腎臓での再吸収と小腸での吸収を促進し、結果的に血中 Ca^{2+} 濃度を高めますが、これが骨形成にビタミンDが必要な理由です。女性ホルモンは骨吸収を抑えるので、ホルモンが減少すると骨粗鬆症（こつそしょうしょう）にかかりやすくなります。

図8-6　カルシウムイオンの代謝とその調節

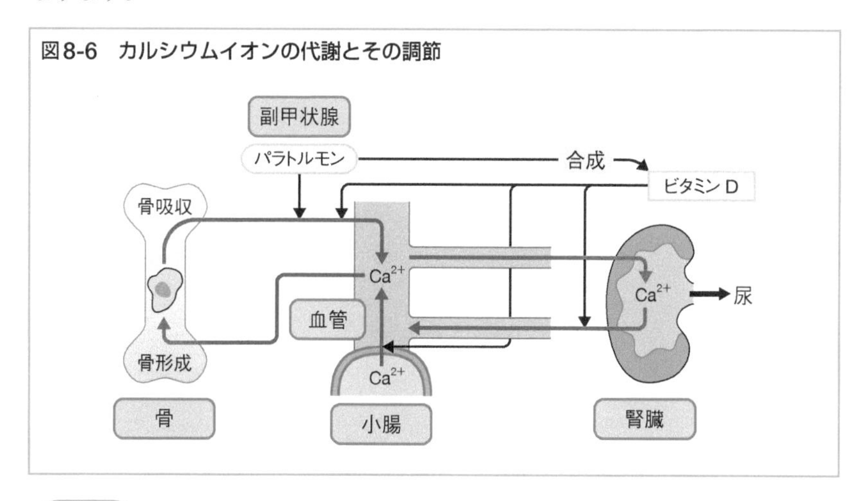

8.8 非典型的ホルモン

一般の器官や組織から分泌されるホルモン様作用をもつ物質や、全身の細胞や血中でつくられる生理活性物質を総称してオータコイドといい、脂肪酸由来のプロスタノイド（例：プロスタグランジン）、アミノ酸由来のセロトニンやヒスタミン、血中や脂肪細胞でつくられるアンジオテンシンなどがあります。血管拡張能をもつ一酸化窒素もここに含まれます。細胞が分泌してほかの細胞の動態を変化させるものはとくにサイトカインといいますが、そのなかでも白血球がつくるものをインターロイキン、脂肪細胞がつくるものをアディポカインといいます。

8.9 ホルモン作用機構

ホルモンは自身が結合できる受容体をもつ細胞に作用します。ホルモンが結合すると受容体の構造や酵素活性が変化し、その情報が別の分子の活性化を誘導し、それがまた別の分子を活性化するといった連鎖反応がおきますが、これを細胞内情報伝達といいます（**2.2.3 項**（p.22）参照）。

章末問題

1 活動電位の発生に必要な細胞膜にあるポンプ（輸送体）とチャネルの種類と働きを述べましょう。

【答え】①ナトリウム－カリウム ATP アーゼ（ナトリウムポンプ）　②カリウムチャネル。ナトリウムチャネル

2 シナプス前部から分泌される物質を一般に何というでしょう。興奮性シナプスから放出される代表的なものをあげてください。

【答え】神経伝達物質。アセチルコリン

3 脳幹はどんな働きをし、脳のどの部分が含まれるでしょう。

【答え】生命活動に根源的な作用にかかわる。前部：間脳、視床、視床下部。中部：中脳。後部：橋、延髄からなる。

4 交感神経の役割とその神経終末からの分泌物質名を何というでしょう。

【答え】活動状態を司る。ノルアドレナリン

5 成長ホルモンや種々の刺激ホルモンが分泌される内分泌器官は何でしょう。

【答え】脳下垂体の前葉

6 血糖を下げるホルモンの名称とその分泌器官／細胞は何でしょう。

【答え】インスリン。膵臓のランゲルハンス島の β(B) 細胞

7 副腎皮質のホルモンの名称と働きを述べましょう。

【答え】ミネラルコルチコイドとグルココルチコイド。前者は腎臓でのミネラル（塩類すなわち電解質）分調節と水分再吸収を介して血液量と血圧を調節する。後者では脂肪分解や糖新生を介して血糖値の上昇、さらには免疫能や炎症作用を抑える。

8 特定器官ではなく全身の細胞からつくられる物質を一般に何というでしょう。このなかにある気体は何でしょう。

【答え】オータコイド。一酸化窒素

病原体と生体防御

微生物といわれる細菌、真菌、原生生物、そして寄生虫やウイルスなどの病原体は宿主生物に感染して種々の病気をおこします。病原体などの異物が動物に入るときにはまず自然免疫による感染阻止機能が働き、脊椎動物ではそのあとで獲得免疫も働きます。獲得免疫は種々の白血球やリンパ球、そしてリンパ球が分泌する抗体などによって働きますが、強い作用、高い特異性、そして記憶性といった特徴があります。感染症の治療や予防には抗生物質やワクチンなどが使われます。

病 原 体

9.1 病原体と疾患

人体はさまざまな要因に冒されますが、人の体内に入って病気をおこす生物などを病原体といい、微生物（細菌、真菌、原生生物）、寄生虫、そしてウイルスがあり（**図 9-1**）、植物にはウイロイドといわれる RNA もあります。病

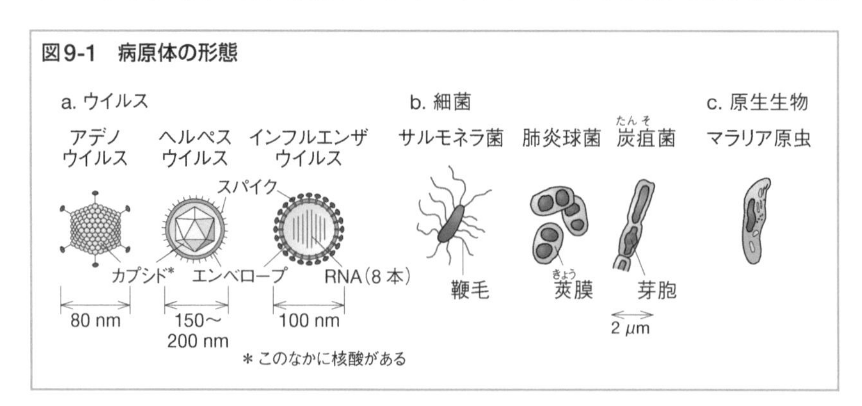

図 9-1　病原体の形態

原体が増える生物を宿主といいます。病原体が体内に入って増殖し寄生関係が成立することを感染といい、それによっておこる病気を感染症といいますが、発症するかどうかは病原体の数や毒力と宿主の防御能（免疫能）のバランスで決まります。感染後、発症するまでの時間（潜伏期）も宿主－寄生体関係によって決まります。潜伏期は食中毒細菌で数時間、エイズ原因ウイルスのHIV-1は約10年以上とさまざまです。プリオン病（例：CJD、狂牛病）は変異あるいは変性したプリオンというタンパク質でおこります。

9.2 ウイルス

9.2.1 概論

ウイルスは少数の遺伝子を含むDNAかRNAのいずれかがタンパク質の殻に包まれた構造をもち、殻のまわりが脂質を含むタンパク質（エンベロープ）で包まれているものもあります。ウイルス粒子の大きさは数十～数百nmで、電子顕微鏡でなければ見ることができません。核酸によってDNAウイルス、RNAウイルスの区別がありますが、核酸の本数や形態によってウイルスをさらに分類することもできます。ウイルスは細胞の構造をとらず1種類の核酸しかもたず、自身だけでは増えることができないため、生物とは異なります。

9.2.2 ウイルスの増殖

ウイルスが細胞に感染すると核酸が殻から出てウイルス粒子がみえなくなり（暗黒期）、続いて核酸の複製と遺伝子発現がおこります。RNAウイルスは、RNAが直接複製されたり、レトロウイルスのようにRNA（逆転写酵素）→DNA→RNAという過程を経るものもあります（次項）。ウイルスは少数の遺伝子しかもたず、増殖に必要な因子や成分のほとんどを細胞に依存するため、生きた細胞中でしか増えることができません。暗黒期が終わるとウイルス粒子が形成され、子ウイルスが細胞を殺して出てきます。

9.2.3 主なヒトのウイルス（表9-1）

A. DNAウイルス

よく知られたウイルス（V）として、痘瘡（天然痘）V、単純ヘルペスV、

表9-1　ヒトの主なウイルス

DNAウイルス	RNAウイルス	
痘瘡（天然痘）ウイルス	インフルエンザウイルス	おたふくかぜウイルス
単純ヘルペスウイルス	はしかウイルス	狂犬病ウイルス
水痘・帯状疱疹ウイルス	エボラウイルス	COVID-19コロナウイルス
B型肝炎ウイルス*	日本脳炎ウイルス	風疹ウイルス
アデノウイルス	C型肝炎ウイルス*	ポリオウイルス
パピローマウイルス*	A型肝炎ウイルス	ヒトT細胞白血病ウイルス（HTLV-1）*
EBウイルス*	ヒト免疫不全ウイルス（HIV-1）	ノロウイルス

*ヒトの発癌ウイルス

水痘・帯状疱疹V［以上はエンベロープをもつ］、アデノV（☞プール熱や風邪症候群などにかかわる）、B型肝炎V（HBV）、パピローマV（HPV）、EBV（エプスタイン・バールウイルス）などがあります。

B. RNAウイルス

エンベロープのないものとしてはポリオV、鼻風邪をおこすライノV、胃腸炎をおこすノロVなどがあり、エンベロープをもつものとしては、インフルエンザV、はしかV、おたふくかぜV、狂犬病V、コロナV（例：COVID-19コロナV）、日本脳炎V、C型肝炎V、レトロV（例：エイズをおこすHIV-1）などがあります。

C. 癌ウイルス

ヒトの癌のいくつかは癌ウイルスによっておこり、種々のDNAウイルス、RNAウイルスが知られています（**2.4.3項**（p.26）参照）

9.3 病原性細菌

A. 球菌

化膿菌の一種であるブドウ球菌、猩紅熱などの原因菌である連鎖球菌、肺炎の原因菌である肺炎球菌、そして髄膜炎菌などがあります。

B. 桿菌

通性嫌気性菌としては大腸菌、赤痢菌、サルモネラ菌、コレラ菌などがあり、好気性のものとしてはレジオネラ菌、百日ぜき菌、ジフテリア菌、結核菌などがあります。炭疽菌などは熱や乾燥に強い芽胞とよばれる胞子をつくります。酸素をまったく必要としないクロストリジウム属細菌は偏性嫌気性の芽胞形成菌で、ボツリヌス菌、破傷風菌などがあり、強力な毒素をつくります。マイコプラズマは細胞壁をもたず、あるものは肺炎をおこします。

C. らせん菌

一般にスピロヘータといい、形態からトレポネーマ（例：梅毒トレポネーマ）、ボレリア（例：回帰熱ボレリア）、レプトスピラに分けられます。

D. リケッチアとクラミジア

リケッチア類（例：発疹チフスリケッチア）やクラミジア類（例：トラコーマクラミジア）は増殖に必要な酵素をほとんど欠いており、生きた細胞内でのみ増殖可能です。リケッチアはダニなどが自然宿主です。

E. 食中毒細菌

細菌が体内に入っておこる感染型食中毒の原因菌としてはサルモネラ菌、腸炎ビブリオ菌などが、産生された耐熱性毒素で毒素型食中毒をおこすものにはボツリヌス菌、黄色ブドウ球菌、ウェルシュ菌などがあります。

F. 常在菌

ヒトの体内（例：大腸、膣）には非病原性の細菌が常在しており、その場の環境を整える役割などをもっています。動物によっては、腸管に生息する微生物が消化に必須な役割を果たすものもあります（例：ウシの胃）。

9.4 病原性真核生物

A. 真菌

皮膚糸状菌（例：水虫などの原因菌）、カンジダ属菌、アスペルギルス属菌などがあります。

B. 原生生物

病原性の原生動物あるいは原虫は、形態的に根足虫類（例：赤痢アメーバ）、鞭毛虫類（例：膣トリコモナス）、胞子虫類（例：トキソプラズマ、マラリア原虫）に分けられます。

C. 寄生虫

ノミやダニのような表層の外部寄生虫もありますが、一般には体内に寄生する内部寄生虫（ぜん虫という）をさします。線形動物に属する線虫類（例：回虫、ぎょう虫）、扁形動物に属する吸虫類（例：肝ジストマ、横川吸虫）と条虫類（例：サナダムシ）に分けられます。

生体防御

9.5 動物の生体防御システム：免疫

A. 自然免疫と獲得免疫

病原体が侵入すると、生体はそれを抑圧する反応をおこしますが、免疫は生体防御の中心をなすものです。免疫（☞本来は感染症に2度かからないという意味）は自己以外のものを排除する機構で、自然免疫と獲得免疫に分けられます（**表9-2**）。自然免疫はすべての動物（☞植物も類似の機構をもつ）が生まれながらにもつ免疫で、分子の大まかな構造が認識され、初期に働き一過的です。獲得免疫は脊椎動物特異的で自然免疫のあとに働きます。異物を抗原として認識し、時間はかかりますが反応は強く、抗原特異的で、免疫記憶（2度目以降はより強い反応がおこる）がみられます。

B. 免疫系

獲得免疫にかかわる器官系を免疫系といい、造血にかかわる骨髄、リンパ球の成熟や保存にかかわる脾臓や胸腺、そしてリンパ管やリンパ節などがよく知られていますが、扁桃腺や虫垂や小腸のパイエル枝などを含める場合もあります。免疫で直接働くものは血液系細胞ですが、これには種々の白血球

表9-2　自然免疫と獲得免疫の比較

	自然免疫		獲得免疫
概要	生まれながらに備わっている自然抵抗力		脊椎動物が生後に獲得する抵抗力
働く時期	［外的防御］ 最初期	［内的防御］ 初期	後期
役割	物理的機械的防御 排出、常在菌による殺菌	細胞破壊 獲得免疫誘導	外敵除去、異物消化、無毒化、細胞破壊
反応特異性	非特異的	分子構造のパターン認識	抗原の特定構造に1:1で対応
働く細胞	表皮細胞、上皮細胞、繊毛細胞、一般の細胞	樹状細胞、マクロファージ、顆粒球、NK細胞	樹状細胞、マクロファージ、リンパ球
特徴	付着・侵入に対する即時的・普遍的応答	早く応答するが弱い。補体活性化。抗菌ペプチド産生。一過性	応答に時間がかかるが特異的で強い。免疫記憶がある。受容体の再構成がおこる

（☞マクロファージ［おもに組織内にある］あるいは単球、顆粒球、肥満細胞［マスト細胞］、樹状細胞）とリンパ球（☞胸腺で成熟するT細胞、骨髄で成熟するB細胞、NK［ナチュラルキラー］細胞）に分類される細胞が含まれます。

9.6 自然免疫

9.6.1 外的防御

自然免疫の最初の反応は外的防御といわれる病原体などの異物の体内侵入阻止で、これには物理的障壁（例：皮膚の角質化、唾液や尿、気管内繊毛運動による排出）と、胃酸や唾液中のリゾチームといった抗菌物質あるいは常在菌による殺菌や増殖阻止などが含まれます。

9.6.2 内的防御

外的防御をかいくぐって体内に入った異物は以下の内的防御で除かれます。

A. 細胞による処理

異物が組織に入ると発赤、発熱、痛みをともなう炎症がおこります。ここには肥満細胞が出すヒスタミンや、そこに集まる単球やマクロファージといった貪食能（どんしょく）をもつ食細胞がかかわります。食細胞は異物をとり込んで分解・無毒化しますが、これには顆粒球や樹状細胞も関与します。細胞は異物表面の分子構造パターンを認識して異物かどうかを判断します。樹状細胞は、とり込んで分解した分子を細胞表面に出しますが、これが獲得免疫に必要な抗原提示につながります。異常細胞（例：ウイルス感染細胞、癌細胞）はNK細胞による免疫監視能も受けます。

B. 液性因子による作用

補体は血清タンパク質のひとつで、異物と接触することによって限定分解されて活性化し、それが別の補体を限定分解して活性化するといった連鎖反応をおこします。肥満細胞からのヒスタミン放出や細胞溶解、マクロファージから遊走促進物質［ケモカイン］を分泌させ、抗体と共同して病原体を貪食されやすくするオプソニン効果を発揮させます。インターフェロン［IF］は細胞がつくる抗ウイルスタンパク質で、3種類（α、β、γ）あります。

9.7 獲得免疫

獲得免疫を引きおこす非自己の物質を抗原といいますが、実際にはそのなかの特定の分子構造（☞抗原決定基。エピトープ）が抗原として作用します。感染やワクチン接種によって免疫がつくられる能動免疫に対し、免疫物質（例：抗血清、抗体、リンパ球）が入ることは受動免疫といいます。

9.7.1 免疫応答機構（図 9-2）

免疫に直接かかわる細胞はリンパ球のＴ細胞とＢ細胞ですが、個々の細胞は１個のエピトープにしか反応しません。体内には多様なリンパ球細胞がありますが、抗原が入ると、該当する細胞（☞クローンという）が分裂増殖して（Ｔ細胞は胸腺、Ｂ細胞は骨髄で）抗原に対処します。この機構をクローン選択といいます。

Ｔ細胞の場合、抗原が樹状細胞やマクロファージの表面に現れると、その抗原に対応するヘルパーＴ細胞（Th）や細胞傷害性Ｔ細胞（Tc）が結合し、それが刺激となって増殖します。Th は細胞刺激性タンパク質であるサイトカインを出し、それによってマクロファージ、Tc、Ｂ細胞が活性化されます。Ｂ細胞の場合は該当する抗原を受容体タンパク質（*）で認識し、それをとり込んで表面に抗原提示します。この細胞に Th が結合するとＢ細胞が形質細胞に分化して増殖し、*を「抗体」として細胞外に分泌します（注：Ｔ細胞を介さず、Ｂ細胞が直接刺激される経路もある）。形質細胞の一部は長期生

図9-2　リンパ球の活性と２種類の獲得免疫の進行

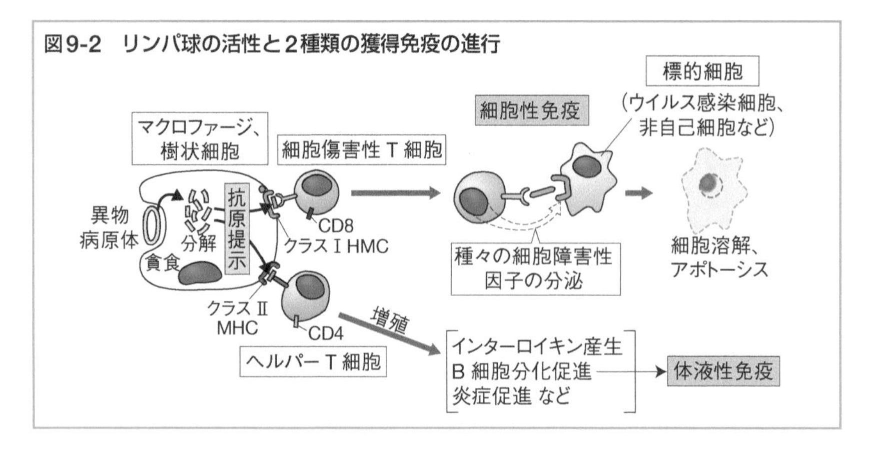

存することができ、これが免疫記憶にかかわります。

9.7.2　体液性免疫と抗体

抗体による免疫を体液性免疫といいます。抗体は血清のγ（ガンマ）グロブリン分画に含まれるので免疫グロブリンともいい、抗原と特異的に結合して（抗原抗体反応）不活化（例：無毒化、凝集）します（**図 9-3a**）。抗体は補体結合、NK 細胞の活性化、肥満細胞刺激などを介して自然免疫も高めます。抗体分子は H 鎖（重鎖）と L 鎖（軽鎖）が SS 結合で結合し、さらにそれが二量体になっています（**図 9-3b**）。抗体は抗体に共通な定常部と抗原エピトープと結合する N 末端の可変部に分けられますが、可変部のアミノ酸配列は対応する抗原ごとにすべて異なるという多様性をもちます（**9.7.4 項**）。抗体は H 鎖定常部の構造によって 5 種類（例：IgG）のクラスに分けられますが、クラスは形質細胞の分化段階に従い、IgM/D → IgG → IgA/E と変化します。この現象をクラススイッチといいます。

図 9-3　抗体の特性

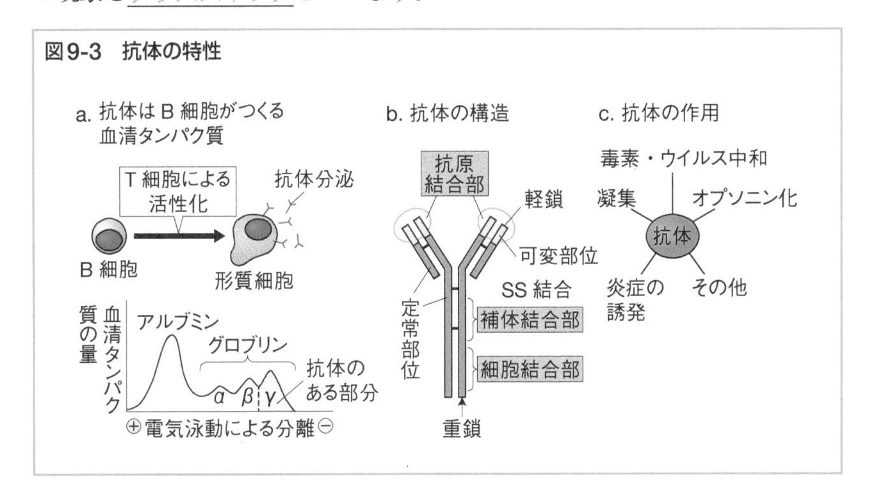

9.7.3　細胞性免疫

細胞性免疫には T 細胞が関与します。Th 細胞が該当する抗原提示細胞を見つけ、サイトカンを出してマクロファージを活性化し、それによって殺菌作用を高めます。このほか Tc 細胞にはウイルスや細胞内寄生細菌をもつ細胞や癌細胞といった変質した細胞を攻撃する働きがあります。真菌や寄生虫といった真核生物病原体の攻撃や移植における拒絶反応にも関係します。

9.7.4　免疫の多様性と遺伝子の再配列

免疫の特徴のひとつにリンパ球クローンの無限ともいえる多様性があります。可変部に相当するDNAにはV、D、Jという領域がありますが、成熟前のリンパ球においてこの領域の多数のDNA単位が、DNA組換えによってそれぞれから1個が選択されます。この状態で多様性が生まれますが、スプライシングの違いによって多様性が高まり、H鎖とL鎖との組み合わせによりさらに多様性が向上します。

9.8　免疫がかかわる疾患

免疫が適切に反応できないと病気になります。アレルギーは過敏症反応ともいい、抗原となるアレルゲンにくり返し暴露することによって免疫が強まり、症状（例：喘息、アトピー性疾患、血清病）が現れます。短期間に出る強い全身症状はアナフィラキシーといいます。自己免疫疾患の場合は自己成分に対して免疫ができ、局所（例：多発性硬化症、重症筋無力症）や全身（例：全身性エリテマトーデス［SLE］、慢性関節リウマチ）に症状が出ます。免疫不全症は免疫が不十分なためにおこる病気で、先天的なもの（例：重症複合免疫不全症［SCID］）と後天的なもの（例：HIV-1感染によっておこる後天性免疫不全症候群［AIDS：エイズ］）があります。細胞表面のHLA抗原は個人ごとに異なり、異なる型の細胞が体内に入ると移植免疫が働いて拒絶反応がおきます。輸血では血液不適合反応（**7.3.2項**（p.106）参照）がみられます。

9.9　感染症の人為的防御

9.9.1　抗生物質（図9-4）

微生物がつくり、ほかの微生物の成育を抑えるものを抗生物質といいます。フレミングによるペニシリンの発見以来、さまざまなものが開発され、とりわけ細菌感染症に大きな効果を発揮しています。現在では合成品や人為的に構造を修飾させて効果を高めたものも多くあります。機能的に細胞壁合成阻害剤、タンパク質合成阻害剤、RNA合成阻害剤などに分けられ、対象は細菌

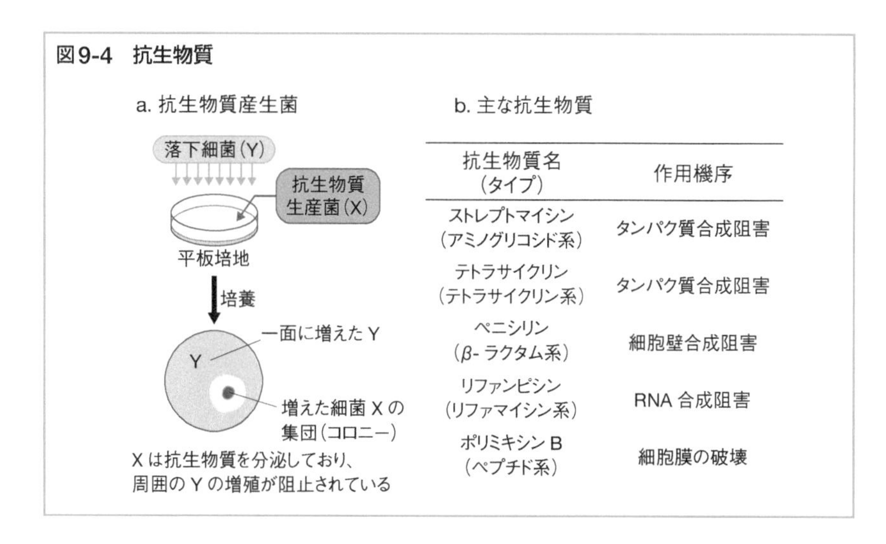

b. 主な抗生物質

抗生物質名(タイプ)	作用機序
ストレプトマイシン(アミノグリコシド系)	タンパク質合成阻害
テトラサイクリン(テトラサイクリン系)	タンパク質合成阻害
ペニシリン(β-ラクタム系)	細胞壁合成阻害
リファンピシン(リファマイシン系)	RNA合成阻害
ポリミキシンB(ペプチド系)	細胞膜の破壊

図9-4　抗生物質

が中心ですが、なかには真核細胞（例：真菌、動物細胞［とりわけ癌細胞］）やウイルスに効くものもあります。抗生物質で問題になることに薬剤が効かなくなる耐性菌があり、院内感染菌などとして問題視されていますが、耐性菌は薬剤耐性プラスミドをもつことで生まれます。

9.9.2　ワクチン（表9-3）

病原体を体内から特異的に除くものに人為的な抗原の接種で免疫を得るワクチンがあり、とりわけウイルス感染症では主要な手段となっています。ワクチンにより体内で抗体がつくられ、病原体を攻撃します。さらにワクチンは健常人に対しても、予防接種として感染症や、その後、高率におこる副作用（例：細胞の癌化［ヒトパピローマウイルス］、胎児の奇形［風疹ウイルス］）を阻止する効果があります。ワクチンのタイプには病原性をなくした増殖性病原体を使う生ワクチンと、増殖性のない（＝殺した）ものを使う不活化ワクチン、特定の抗原タンパク質を使う成分ワクチン（☞遺伝子組換えでつくったものは組換えワクチンともいう）があります。生ワクチンは体内で一定期間増殖し、リンパ球も増殖するので長期の免疫が得られますが、それ以外は半年～1年程度しか持続しません。最近新型コロナウイルス用にmRNAワクチンが初めて使われました。mRNAが短命なため抗原の発現は一過的ですが、高い抗体価が得られます。抗原遺伝子の核酸を細胞にとり込ませて抗

表9-3 代表的なワクチンのタイプ

ワクチンのタイプ	抗原／接種するもの	抗体持続性	特徴	疾患／病原体
生ワクチン	弱毒化(無毒化) した生きた病原体	長期間	一般に、得られる免疫は強い。まれにワクチンで症状が出る場合がある	はしか 風疹 結核
不活化ワクチン	不活化した(殺した) 病原体	短期間	複数回接種する必要がある。安全性は高い。変異株に対応しやすい	インフルエンザ 日本脳炎
成分ワクチン	病原体のひとつの成分(タンパク質)	短期間	複数回接種する必要がある。安全性は高い。変異株に対応しやすい	B型肝炎 肺炎球菌
トキソイド	無毒化した毒素(主に細菌の外毒素)	短期間	複数回接種する必要がある。安全性は高い。治療にも使用できる	ジフテリア 破傷風
遺伝子ワクチン 核酸ワクチン	遺伝子をコードする核酸(mRNA、DNA)	短期間	mRNAはとくに効果が短い。変異にすばやく対応できる	新型コロナ感染症(COVID-19)

原タンパク質をつくらせるものは遺伝子ワクチンあるいは核酸ワクチンといわれ、とくにDNAを使うものは遺伝子治療薬とみなすこともできます。核酸ワクチンの進化形として、核酸を複製するようにした（複製起点と複製酵素遺伝子を組み込んだ）レプリコンワクチンや、核酸を高い感染効率をもつウイルスベクターに包んだウイルスベクターワクチンもあります。

9.9.3 抗体療法

ワクチンとは別の免疫獲得方法に、すでにある免疫物質を体内に入れる受動免疫という方策があります。免疫刺激で感作されたリンパ球の接種もありますが、一般的な方法は抗体の接種です。かつては抗原（例：ヘビ毒）をウマに注射し、その血清（抗血清）やそこから精製した精製γグロブリンをヒトに接種していました（血清療法、広義の抗体療法）。ただこれだと最初の接種でウマ血清に対する抗体ができ、次の接種で抗体と抗原が異常反応する血清病がおこる可能性があります。感染症から回復したヒトの抗血清を使うと血清病のリスクは大幅に減ります。近年は特定の抗原分子に対する抗体を単クローン抗体としてマウスなどでつくり、感染症のみならず癌（例：癌特異的タンパク質を抗原として）や自己免疫病の治療に利用されており、しかも抗体の副反応を極力減らすためにヒト抗体の分子構造に基づくヒト化抗体やヒト抗体も使われています。

章末問題

1 病原体の分類名を生物と生物ではないものに分けましょう。

【答え】①生物：細菌、真菌、原虫（原生動物）、寄生虫（動物）　②生物ではないもの：ウイルス、プリオン

2 B型肝炎ウイルス、C型肝炎ウイルス、パピローマウイルス、HTLV-1の共通点と相違点は何でしょう。

【答え】ともにヒトに癌をおこすウイルス。相違点はB型肝炎ウイルス、パピローマウイルスはDNA型だが、ほかはRNA型。

3 細菌を酸素要求性で2分類し、そこに属する菌種をあげましょう。

【答え】好気性菌（結核菌）と嫌気性（破傷風菌、サルモネラ菌）

4 獲得免疫を発生させる原因物質を何というでしょう。

【答え】抗原

5 免疫系器官をあげてください。

【答え】骨髄、胸腺、脾臓、リンパ節、扁桃腺、虫垂、パイエル板（腸管にある）

6 獲得免疫が生じるきっかけとなる異物処理細胞にはどのようなものがあるでしょう。

【答え】主にマクロファージと樹状細胞。単球も。

7 抗体は血清タンパク質のどの分画に含まれるでしょう。

【答え】γ（ガンマ）グロブリン分画

8 免疫が膨大な多様性をもつしくみを説明してください。

【答え】リンパ球前駆細胞ゲノムに組換えで遺伝子の再配列がおこり、さらにスプライシングにも差が生じるが、それらのパターンが個々のリンパ球で異なるため。

9 免疫力の上昇によっておこる病気には何があるでしょう。

【答え】アレルギー（過敏症）、自己免疫病

10章　植物の生存戦略

植物は二酸化炭素を吸収して光合成によって有機物をつくり、酸素を放出
るため、生態系のなかでは生産者の地位を占め、好気呼吸をおこなう生物
とっての必須な存在になっています。種子植物は根や茎、葉をもち、生殖
官として花をつけます。植物は無性生殖でも増えますが、一般には受粉を
した有性生殖で次世代個体の萌芽となる種子をつくります。植物の生育は
ルモン、光、温度などによって調節されます。

10.1　植物体の構造

10.1.1　概要

種子植物の植物体は地下部の根、地上部の茎（枝を含む）といった器官からなります。茎には葉がつきますが、サボテン類など、いくつかの植物では茎が葉の機能を果たすものもあり、器官としての茎と葉の区別は明確ではありません。花は種子植物の生殖器官です。なお、植物によっては器官が特殊な形態に分化しているものも少なくありません（例：茎が栄養貯蔵器官になったり、葉が食虫植物の捕食器官になるなど）。本章では花・種子をつける種子植物、いわゆる高等植物を中心に解説します。

植物細胞の周囲にはセルロースを含む細胞壁がありますが、細胞壁に別種の多糖類（例：高分子リグニン）が含まれて硬くなるグループを木本（もくほん）、そうでないものを草本（そうほん）といいます（☞いわゆる木と草）。木本は個体寿命が数十年〜数千年と長く、茎は年々太くなります。草本のうち、花→種子をつけたあとに個体が死滅してしまうものを1年生草本といい、地上部は枯れても地下部が生きて毎年、発育・増殖し続けるものを多年生草本といいます。

10.1.2 葉（図10-1a）

葉は茎や枝に付随する扁平な器官で、細胞が葉緑体を含むために緑色をしています。葉の表面には一層の表皮細胞（葉緑体はない）があり、その下部は、日光に当たる側では細胞が密に整然と並ぶ柵状組織がみられ、反対側（裏側）には細胞が比較的まばらな海綿状組織がみられます。裏側には気体の出入り口である気孔が多数あり、穴の周囲にある2個の孔辺細胞（葉緑体を含む）は水の出入りが原因で発生する膨らむ力（膨圧）の変化によって開閉しますが、膨圧が上がると気孔は開きます。気孔は昼に開きますが、これは孔辺細胞の光合成によって糖分濃度が上がり、それに応じて浸透圧が上がって孔辺細胞が水分をとり込むためと考えられます。気孔は光合成を進める二酸化炭素の濃度上昇でも開きますが、これも光合成量との連動ととらえることができます。乾燥すると気孔の水分が失われて膨圧が下がり、その結果、気孔は閉じて水蒸気の蒸散が抑えられます。

10.1.3 茎（図10-1b）

茎や枝の役割は植物体の物理的保持と、葉や花の付着、そして維管束を通じての水分と養分の運搬です。維管束はシダ植物にもありますが、種子植物では茎の周辺をとりまくように多数あり、垂直方向で、根と葉を連絡しています。茎の表皮の内部には周囲をとりまく形成層という組織がありますが、

図10-1　植物の組織・構造

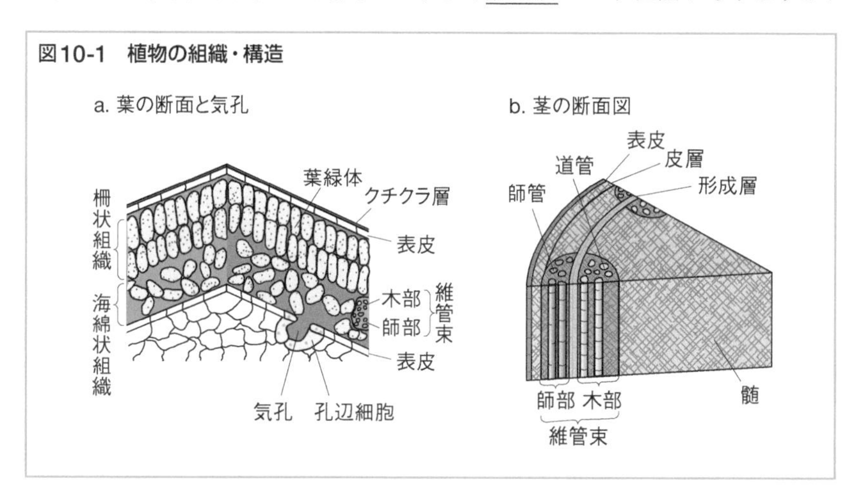

ここには分裂の盛んな細胞があり、茎が太くなることにかかわります。形成層の増殖速度や細胞密度が季節によって異なるために、木本では年ごとの成長軌跡としての年輪が形成されます。竹は草本なので年輪はなく、幹が太くなることもありません。形成層は維管束を横断しています。維管束中でも形成層の中心に近いほうには道管、外側には師管とよばれる液体の通路が複数あり、それぞれ根→葉、葉→根の方向の移送にかかわっています。

10.1.4　根と水分移動

根は植物体を土壌などに固定させ、水分や養分を吸収するための器官で、先端領域の細胞には根毛という細かな毛があり、吸収効率の向上に役立っています。根が水分を吸収できるのは細胞の浸透圧が高いためですが（☞水は浸透圧の高いほうに移動する性質があるため）、とり入れられた水分が上昇できるのは、葉から水分が排出され（陰圧になり）、さらには道管内で水の凝集力（☞水分子どうしの引力。毛管現象）が働くためです。

10.2 種子植物の生殖

10.2.1　生殖器官：花

A. 形態

花は種子植物の生殖器官で、葉が特殊に分化したものです。花のつけ根には萼（がく）、そして花弁（花びら。合わさったものを花冠という）があり、さらにその内側には複数の雄（ゆう）ずい（おしべ）と１つの雌（し）ずい（めしべ）があります（**図 10-2**）。めしべの根元は膨らみ、将来果実になる子房となり、その内部には将来種子（タネ）になる胚珠があります。胚珠は胚嚢（はいのう）を珠皮が包む構造になっていて、胚嚢内の数個の細胞のうち１つが卵細胞です。このように、胚珠が子房に包まれている植物を被子植物、むき出しになっているものを裸子植物（例：ソテツ、イチョウ、マツ）といいます。裸子植物は被子植物以前の進化形をもっています。

B. 受粉の特性

１個の花におしべとめしべの両方をもつ両性花が普通ですが、別になっている雌雄異花もあります。個体そのものが雄花か雌花のどちらかしかつけな

図10-2　花の形態と重複受精のようす

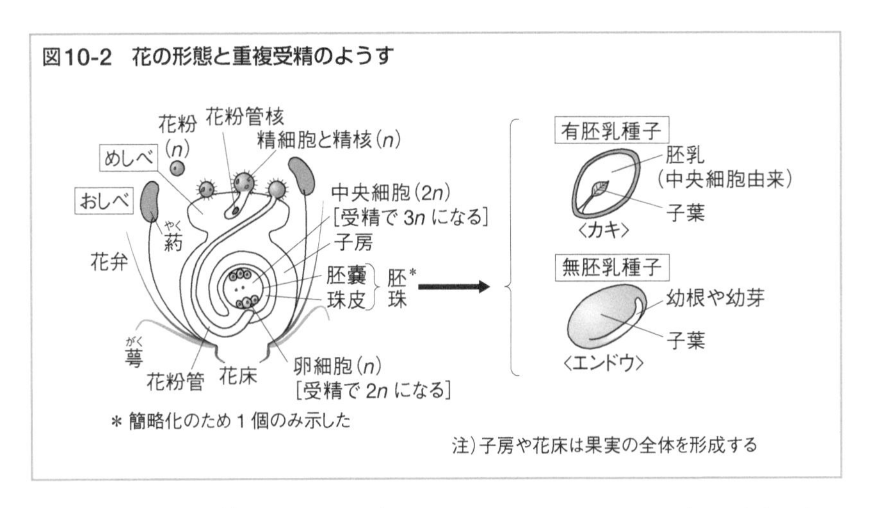

いものは、雌雄異株といいます（例：イチョウ、ホウレンソウ）。イチョウは花粉から精子が出て、その精子で卵細胞と受精するという、シダ植物のような現象がみられます。植物によっては、同一個体内での受粉では有性生殖ができないものがあります（自家不和合性）。このような場合は別の個体から運ばれた花粉とでないと生殖が成立しません。このため果樹園にある、同一個体からクローン生殖や接ぎ木などの栄養生殖で増えた自家不和合成個体では、いくら多くあっても互いの受粉では生殖ができず、異なる遺伝的背景をもった個体の花粉を使って意図的に受粉させる（例：手作業。ハチを使う）必要があります。

10.2.2　有性生殖のしくみ

おしべの先端には減数分裂によってできた通常一倍体（単相）の花粉が多数できます。花粉細胞は受粉後一倍体のまま分裂し、ひとつは花粉管となって胚珠まで伸び、ほかは2個の小さな一倍体の精細胞となります。精細胞は花粉管の中を先端に向かって移動します。一方、胚嚢では減数分裂を経て、1個の中央細胞（☞通常二倍体：複相）といくつかの一倍体細胞（1個の卵細胞＋複数のそれ以外の細胞）がつくられます。花粉管から伸びた2個の精細胞のうちの1個は中央細胞と受精し、通常三倍体となって大きく成長し、養分を蓄えた胚乳になります。ほかの精細胞は卵細胞と受精して二倍体の受精卵となり、それが胚（子葉、幼芽、幼根からなる）へと成長します。このように種子植物では重複受精という現象がみられます。なお、三倍体個体は不稔で種はできませんが、受粉で子房だけを肥厚させると種なし果実ができます（☞コラム参照）。マメ科植物やアブラナ科植物などは胚乳が発達せず、代わりに養分を豊富に蓄えて発達した子葉ができます。

コラム 古典的種なしスイカのつくり方（図）

通常（二倍体）スイカの芽生えをコルヒチンで処理し、成長後受粉させて四倍体スイカの種をとります。次にそれを植え、めしべに通常花粉を受粉させて三倍体の種をとります。さらにそれを植え、めしべに通常花粉を受粉させると子房の肥厚した種なしスイカになります。ただこの方法は煩雑なため今はあまり行われていません。

図 古典的な種なしスイカのつくり方

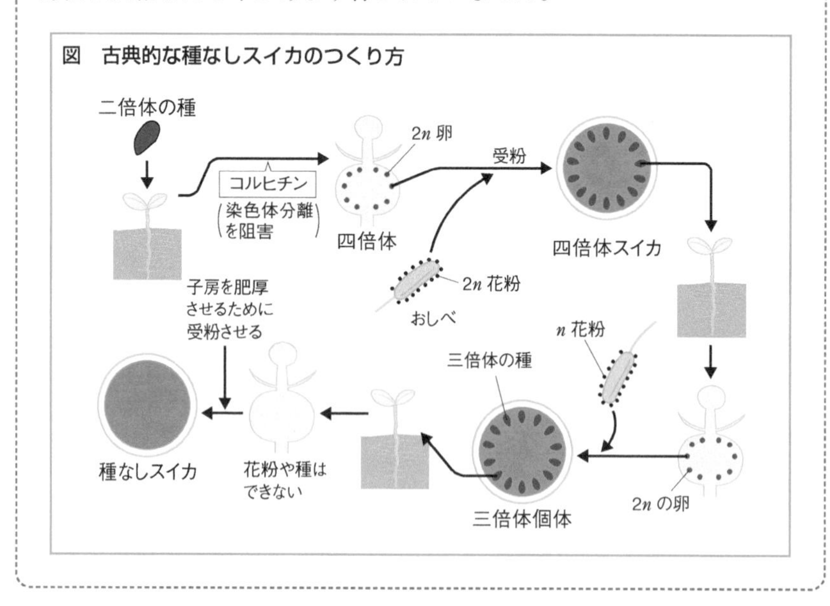

10.2.3 無性生殖

植物細胞には体細胞組織のどの細胞からでも完全な個体になる能力、つまり分化の全能性があります（**6.6.2 項**（p.97）参照）。このため、植物は栄養生殖や、人工培養塊（カルス）や挿し木などからの個体作出（クローン増殖）といった無性生殖で個体数を増やすことができます。自然状態でも、植物がイモや球根を利用したり、イチゴやランのように蔓（匍匐枝）を利用して栄養繁殖で増殖する例が多くみられます。自然界の植物のなかには不稔性（有性生殖ができない）の三倍体の個体がありますが（例：ヒガンバナ）、このような個体は地下茎を伸ばして個体数を増やすなど、もっぱら栄養生殖で増えます。

10.3 有機物をつくり出す：光合成

植物やある種の細菌類はエネルギー源となる有機物（☞糖）を無機炭素化合物である二酸化炭素からつくること（☞炭酸同化）ができますが、植物は光エネルギーを使って葉緑体内で糖を合成します（☞光合成）。

10.3.1　葉緑体

葉緑体は色素体に属する細胞小器官で、藻類や植物の葉などの細胞に含まれますが、植物の葉緑体はラン藻が細胞内共生したものと考えられます。葉緑体自身にDNAがあり、細胞内で半自律的に増殖します。二重膜の内部には多数の扁平な袋状構造「チラコイド」が積み重なったグラナという構造があり、チラコイドには光合成色素が含まれます。主要な色素はクロロフィル（葉緑素）ですが、カロテンなどの補助色素も含まれます。クロロフィルはヘモグロビンに似た構造の分子で、金属イオンとしてマグネシウムを含みます。葉緑体は種々の色素を使うことにより太陽光中のさまざまな波長の光を吸収でき、そのエネルギーがクロロフィルに集められます。葉緑体の間隙部をストロマといい、多くの酵素を含みます。

10.3.2　光合成機構

A. 概略

光合成は水と二酸化炭素から光エネルギーを使って糖をつくり、水と酸素を放出する反応です。糖（＝エネルギー源）の供給源となることから、植物は生態系では生産者となりますが、それとともに二酸化炭素を吸収し酸素をつくることから、好気呼吸する生物にとっての必須の存在となっています。光合成は光に依存する過程（☞酸素放出もおこる）と光がなくてもおこる過程に大別でき、前者を明反応、後者を暗反応といいます。

B. 明反応（図 10-3a）

クロロフィルに吸収された光エネルギーは水を酸素と水素（☞水素イオン＋電子）に分解する反応（☞水の酸化）に使われます。電子は光エネルギーを受けて高エネルギー状態になりますが（☞クロロフィル近傍でおこるここまでの過程が真に光を必要とする光化学反応）、高エネルギー電子はほかの分子に順に渡ってエネルギーを落とし、その過程で出たエネルギーが ATP 合成に使われます。この際、水素イオンと電子から NADP に結合した還元型補酵素（NADPH）も同時にできます。ミトコンドリアにおける酸化的リン酸化（**3.4.5 項**（p.44）参照）に類似したこの一連の過程を光リン酸化といいます。

C. 暗反応（図 10-3b）

気孔からとり込まれて固定化された（同化された）二酸化炭素は、まず炭素 5 のリブロース 1,5-ビスリン酸（RuBP）と反応して炭素 3 の 3-ホスホグリセリン酸 2 分子になりますが、この反応にかかわる酵素を略語でルビスコ（Rubisco）といいます。RuBP は数段の反応のあと一部はいくつかの過程を経てスクロースやグルコース（☞デンプンに組み立てられる）になり、残りはいくつかの経路を経て元の RuBP に変換され、次の炭酸同化に使われます。RuBP を起点として糖をつくり、元に戻るこの代謝経路をカルビン回路といい、明反応でつくられた ATP と NADPH がここで使われます。

図10-3　C_3植物でおこる光合成の概要

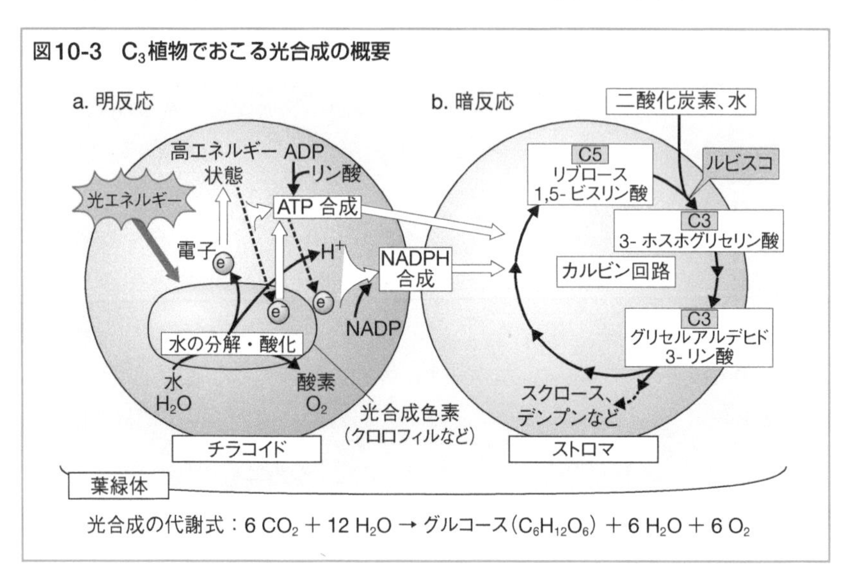

10.3.3　C_3 植物と C_4 植物

普通の植物は二酸化炭素が同化して炭素数 3（C_3）の 3-ホスホグリセリン酸をつくるので C_3 植物といわれます。しかし高温域に生息する植物（例：サトウキビ、トウモロコシ）は、まず二酸化炭素を C_3 のホスホエノールピルビン酸に同化させて C_4 のオキサロ酢酸をつくるので C_4 植物といいます。同化された C_4 化合物はリンゴ酸に変換されたあとに維管束周囲細胞に移り、そこで C_3 のピルビン酸と二酸化炭素に分かれ、二酸化炭素がそこで働くカルビン回路に入ります。高温になると気孔が閉じて二酸化炭素が不足気味になりますが、これだとせっかく同化した二酸化炭素が酸素を使って出てしまい（☞光呼吸という）、またATPも消費されるので不経済です。このため C_4 植物はいったん C_4 化合物をつくり、それを酸素の少ない維管束周辺細胞に移してカルビン回路に入れるという戦略をとっています。

10.4　窒素化合物の代謝

10.4.1　窒素を有機物に組み込む

生物は必須元素のひとつである窒素をとり込み、それを有機物に組み込んでアミノ酸などをつくる必要があります（☞窒素同化）。植物のもっとも一般的な窒素のとり込みはアンモニア（アンモニウム塩）としてとり込む方法で、細菌などが窒素化合物を分解してできたアンモニアを養分として吸収し

図10-4　植物における窒素の利用

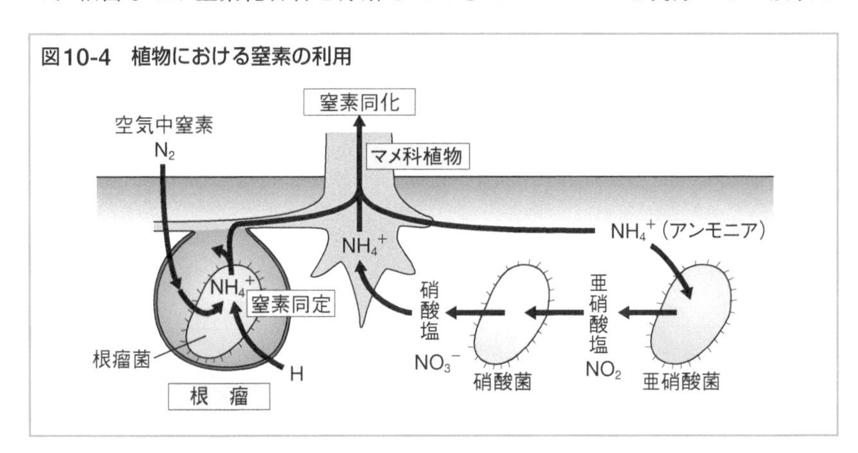

ます（**図 10-4**）。窒素を硝酸塩としてとり込んだ場合は体内でアンモニアに変換します。植物に限らず、とり込まれたアンモニアは一般的にグルタミンやグルタミン酸として組み込まれます。

10.4.2　気体窒素の間接的利用：窒素固定

細菌類のあるもの（例：ラン藻、アゾトバクターなどの土中細菌）は無尽蔵に利用できる空気中の気体窒素をアンモニアにすることができます。この反応を窒素固定といいます。これらの細菌がマメ科植物の根の根瘤（こんりゅう）（根粒）に生息している場合、そのような細菌を根瘤菌といいます。植物はこの細菌がつくったアンモニアを窒素源として得、細菌は植物から養分を得るといった共生関係が成立しています。マメ科植物が荒れた土地でも生育できたり、田畑のあぜ道にダイズを植えているのはこのためです。

10.5　植物の成長調節機構

10.5.1　植物ホルモン

植物にも成長を制御する植物ホルモンが多数知られています（**表 10-1**）。

A. オーキシン（図 10-5a）

オーキシンとはインドール酢酸などを含むいくつかの化学物質の総称です。オーキシンは茎や根の先端部分（成長点）近傍の細胞から分泌され、細胞を増殖させることによって茎や根の伸長にかかわりますが、濃度によっては逆に成長を抑えます。オーキシンは重力方向に移動する性質があるので、植物体を横置きにするとオーキシン濃度の偏りによって、茎が上に、根が下に伸

表10-1　植物ホルモンの働き

ホルモン	働き
オーキシン	細胞の伸張・分裂の促進／花芽形促進／発根促進／落葉抑制
ジベレリン	細胞の伸張・分裂の促進／種子発芽促進／開花促進／子房発達促進
サイトカイニン	細胞の分裂を促進／細胞老化抑制／カルスからの茎や葉の分化
ブラシノライド	根・茎の伸張や成長を促進／温度、化学物質に対する抵抗性
アブシジン酸	気孔の閉鎖／細胞伸張阻害／発芽の抑制／エチレン合成誘導
エチレン	果実の成熟促進／落葉の促進／細胞老化促進

図10-5　植物ホルモンによっておこる現象の例

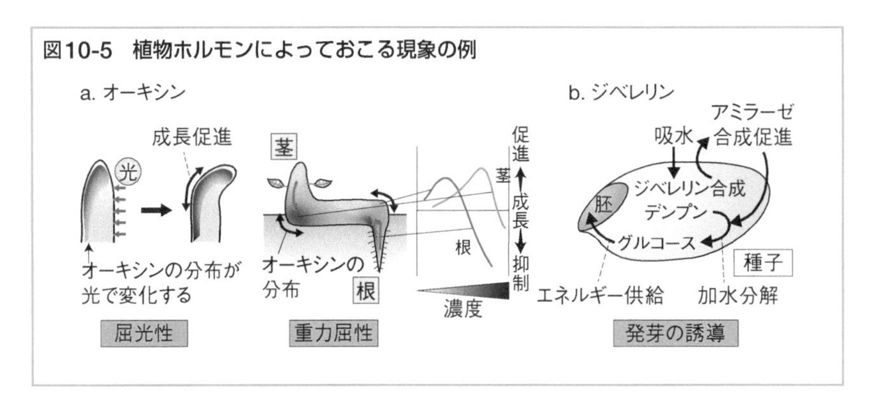

びる屈地性という現象がみられます。オーキシンは光の弱いほうが効きやすいので、茎が光の強い方向あるいは根が光の弱い方向に曲がる屈光性という現象もみられます。

B. ジベレリン（図 10-5b）

ジベレリンはある種のカビ（☞イネ馬鹿苗病の病原体）がつくる増殖因子として発見されました。本来はイネなどの胚乳にあり、吸水後には胚で合成され、それが胚乳中のアミラーゼ合成を促してデンプンの消化を促進します。ジベレリンには受精しなくとも果実を肥厚させる働き（☞単為結実）があるため、種なしブドウをつくるなどのためにも使われます。

C. エチレン

気体であるエチレンは落葉や果実熟成、落果を促進します。リンゴなどの果実からもエチレンが出ていて、自身の熟成にかかわります。果実を野菜といっしょに置いておくと野菜が早く傷むのはエチレンの熟成作用が原因です。

D. サイトカイニン

細胞分化を促進するホルモンの総称で、物質としてはカイネチンがよく知られています。オーキシンと協調して、培養化した植物細胞の集合体カルスを植物体に分化させ、増殖させることができます。

E. アブシジン酸

種子の休眠、生育不良環境や水不足環境での発芽抑制に働きます。

10.5.2　花芽の形成

植物の花芽形成には光と温度が関係しています。

A. 光周性（図 10-6）

植物が花芽をつけて花を咲かせる場合、植物によって日が長くなるときに花が咲くものと、日が短くなって咲くものがあります。前者を長日植物（例：ホウレンソウ)、後者を短日植物（例：アサガオ)、どちらでもないものを中性植物（例：キュウリ）といい、現象全体は光周性といいます。光周性を決める要素は一日のうちの夜（暗期）の長さですが、暗期は連続性が必要なため、暗期の途中にごく短時間光を照射（光中断）すると花芽は出ません。この性質は作物の栽培にも利用されており、たとえば発芽直後に暗期を長くする短日処理を施すと、幼少植物に花をつけさせることができ、逆に夜間の電灯をつけ続ける長日処理をして花をつけさせず、希望する時期に元に戻して花をつけるということもできます（例：正月に菊に花をつけさせて出荷する)。光は葉に含まれるフィトクロムという色素を活性化型にするので、花芽形成ホルモン合成の信号として作用します。

B. 温度の影響

コムギは初夏に花を咲かせて実をつけますが、コムギ品種のなかには春にタネを蒔（ま）く種類以外に、秋にタネを蒔く秋蒔コムギという品種があります。このコムギは低温によって花芽形成が誘導され、それが刺激となり、春に気温が上がると花芽を成長させます。このように開花のために低温を経ること

図10-6　花芽形成に関する光周性

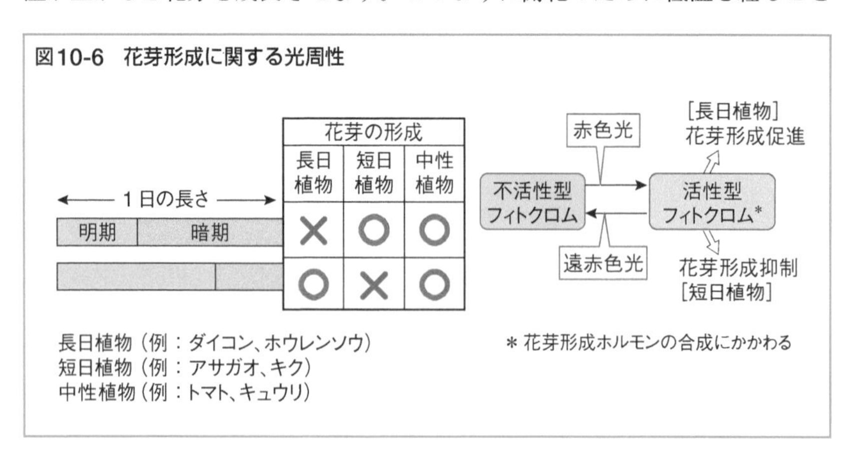

を春化といい、サクラが春に花を咲かせるのにもこの機構がかかわっています。人為的な春化を春化処理といい、イチゴをいったん寒冷地で育てたあと、それらを暖かい温室に移して開花・結実させ、冬期に果実を出荷するといったことに利用されています。

10.5.3　連作障害

商業作物などでは植物の栽培を1か所で連続しておこなうと次第に生育が悪くなる連作障害という現象がよくみられます。連作障害の原因は、植物体自身が根から放出する化学物質や、栄養素吸収されることによる栄養の欠乏といった化学成分の変化がありますが、ほかにも病原体（例：ウイルス、細菌）や病原生物（例：線虫類）の増殖や定着といった生物学的要因があります。障害克服法としては、耕作の休止、輪作（いったん異なる作物を栽培する）、土壌の改善や入れ替え、灌水（かんすい）などの方法があります。水耕栽培では基本的に連作障害はおこりません。

章末問題

1 骨がないのに、植物（とくに木本）の生物体が硬く丈夫なのはなぜでしょう。

【答え】細胞がセルロースを含む丈夫な細胞壁に包まれ、細胞が死んでも細胞壁は残るため。木本はさらにリグニンなどを含みより強度が高い。

2 竹は木本、草本のどちらでしょう。

【答え】竹は草本なので年輪はない。

3 水が植物体の根から上まで移動できるのはなぜでしょう。

【答え】浸透圧により根の細胞への水の侵入、葉から水分喪失、毛管現象、水分子どうしの引力、が総合的に作用するため。

4 種子植物の重複受精とはどういうことでしょう。

【答え】花粉管にある２個の単相の精細胞のうち、ひとつは胚のうちの単相の卵細胞と、もうひとつは複相の中央細胞と融合する。

5 原核生物の一種のラン藻と植物の関連は何でしょう。

【答え】ラン藻の光合成機構が植物細胞内の葉緑体のそれと似ている。葉緑体の起源はラン藻と考えられている。

6 生存に酸素が必要だとしても光合成で酸素がつくられるため、植物の生育では酸素を制限できるでしょう。

【答え】酸素は明反応でつくられ、暗反応しかおこらない夜はつくられない。したがって一定量の酸素は常に必要となる。

7 窒素同化と窒素固定の違いは何でしょう。

【答え】窒素がアンモニアの形でアミノ酸に入るのが窒素同化、気体窒素がアンモニアにとり込まれるのが窒素固定。

8 植物ホルモンの例をあげてください。

【答え】オーキシン、ジベレリン、エチレン、サイトカイニン、アブシジン酸など

9 花芽形成や開花に影響を与える要因は何でしょう。

【答え】光と温度

生物の集団と多様性

11章 個体と個体群の生態

エコロジー（生態学）とエコノミー（経済）の間には関連があります。生物は動いたり増えるためにエネルギーを必要とするので、必要な餌をとらなくてはなりません。これが「収入と支出」という経済の考え方と一致します。健康を維持し効率よく増えるためには棲みやすく繁殖しやすい環境が必要です。本章ではまず個体の繁殖や生活の様式、そして個体群の生態についてみていきます。

11.1 動物の繁殖と生存の戦略

11.1.1 いかにして効率よく繁殖するか

生物はできるだけ子孫を多く残すために生きています。子孫として残す遺伝子の数、つまり子孫の数を適応度といいます。メスをめぐってオスどうしが争うのも、生まれた子を大事に育てるのも、すべて適応度を上げるための戦略です。魚は生涯に数百～数百万個の卵を産みますが、ヒトは数人しか子を産みません。しかし魚は生まれてもすぐ死んだり捕食されてしまう個体が多いのに対し、ヒトは寿命を迎えるまでの死亡率が低くなっています。2つの性質の間に負の相関があることをトレードオフといいますが、上の場合は産子数と死亡率の間にトレードオフがあることになります。

サケは数年間を海で過ごし、生まれた川を遡上し、産卵して死にます。セミも何年かに1回産卵して死に絶えます。生物のなかにはこのように一度だけ繁殖するものと多数回繁殖するものがいます。多数回繁殖には2つのパターンがあります。ひとつはできるだけ早く、多数の子を何度か産んでさっさと寿命を終えるという戦略で、ネズミの増え方がこれにあたります。ネズミは繁殖に費やすエネルギー（これを一般にコストという。コストにはほかに病気や被食［食べられること］がある）が小さいのです。もうひとつは繁殖コストの大きいゾウなどの動物は寿命が長く、少数の子を何回かに分けて産み、生涯の産子数は多くありません。一度だけ繁殖するサケは産卵に莫大なコストを払うので、次回の繁殖のための資源（☞体内の養分やエネルギー、配偶者、餌など）を残すことができず、そのため1回の産卵にすべてを賭けて繁殖をおこないます。

11.1.2　有性生殖と無性生殖、どちらが得か？

多くの生物は有性生殖で繁殖しますが、植物、酵母、ヒドラのように無性生殖でも増えるものがあり、細菌類は基本的に無性生殖で増えます。有性生殖は精子や卵をつくる必要があり、受粉や異性との出会いは簡単でないため、見かけ上は無性生殖のほうが有利ですが、それでも多くの生物に有性生殖がみられるのはどうしてでしょうか。ゲノムは常に変異をおこしていますが、大部分の変異は生物に不利です。変異が残ると無性生殖での子孫は必ず親より多くの不利な遺伝子をもつので、集団に悪い遺伝子がたまり、いずれ集団は絶滅してしまいます。しかし性がある生物は二倍体なので、さまざまなタイプの遺伝子組換えがおこり、正常遺伝子がなくなる速度は遅くなります。二倍体の一方の対立遺伝子に劣性の致死的変異がおきても細胞は死ぬことはなく、時間をかけて悪い遺伝子を除くことができます。無性生殖生物では、個体当たり必須遺伝子1個が欠陥する変異がおこれば、集団は全滅してしまうでしょう。有性生殖をおこなう生物は組換えによって多様な組み合わせの遺伝子をもつ細胞ができるので遺伝的多様性が増し、また組換えによってよい遺伝子が集まるという現象も生じます（**図 11-1**）。

11.1.3　配偶相手の獲得

つがいとなるオスとメスの数の組み合わせを配偶システムといいます。この形式は動物によりさまざまです。1頭の特定のオスとメスがつがいとなって交尾し、場合によってはその後の子育てもいっしょにするものを一夫一妻（単婚）といい、昆虫や多くの鳥、ある種の哺乳動物に広くみられます。単婚以外の配偶システムは複婚といい、一夫多妻、一妻多夫、乱婚があります。

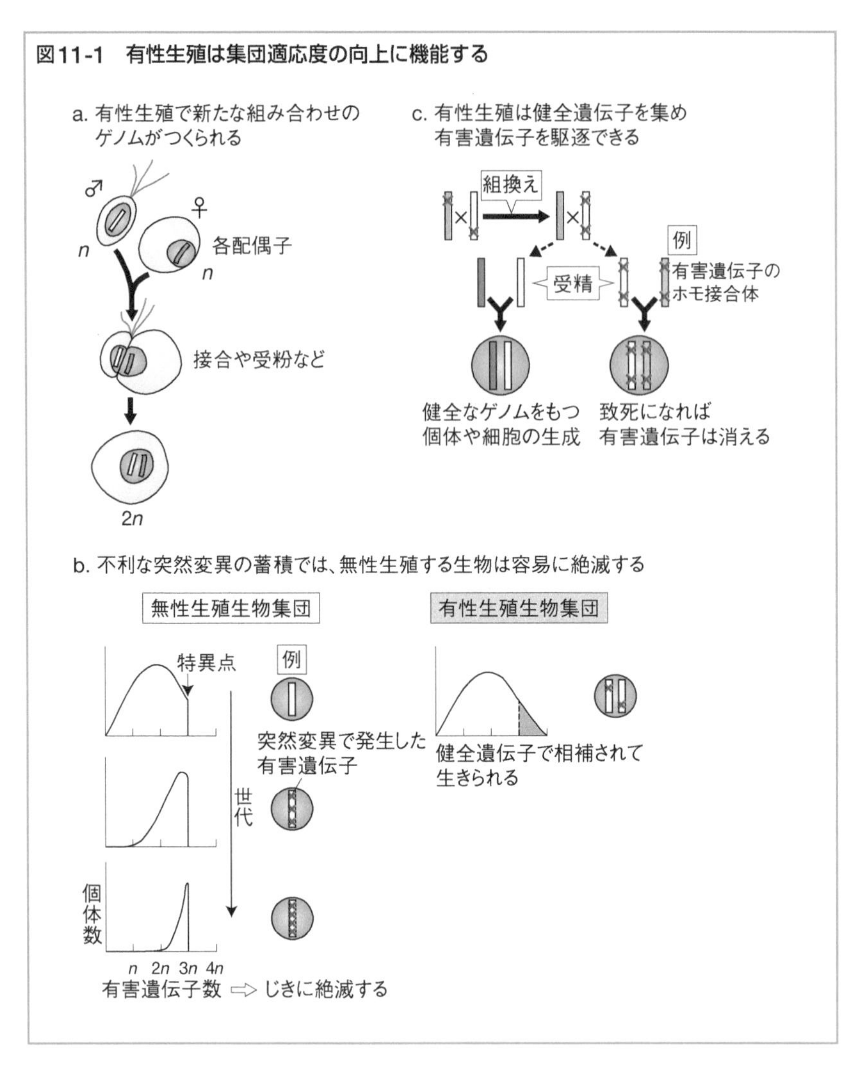

一夫多妻のなかにはオスが縄張りをもち、そこにやってきたメスと次々に交尾するもの（例：シオカラトンボ）、力の強い１頭のオスが資源として多数のメスを常時抱えるハレムをつくるもの（例：オットセイ）、オスが多すぎて縄張りをつくれない場合に活発に動き回って次々にメスと交尾するもの（例：カブトガニ）などさまざまです。鳥の場合はメスがオスをめぐって争い、交尾・産卵後は子の養育をオスに任せ、自分は立ち去ります。オスもメスも不特定多数の組み合わせで交尾するものは乱婚といいます。

オスがつくる精子の数はメスの生む卵に比べて圧倒的に多いため、卵の数が適応度の決定要因になります。メスは卵数を増やせば適応度が上がりますが、オスは自分の精子で卵を受精させなければ適応度が確保されません。多くの動物でオスがメスを巡って争うのはこのためです。オスがメスを獲得するためにはいろいろな戦略があります（**図11-2**）。ほかのオスと争う必要から、オスはより大きく攻撃性を高めるよう、見た目でもメスと違うものが多くいます（例：カブトムシやシカの角）。ある種の昆虫のようにメスをよび寄せる化学物質（性フェロモン）をつくるもの、音を出すもの（例：セミ）、メスに求愛ディスプレイするため身体の一部が目立つように進化したものもあります（例：極楽鳥）。オスのクジャクの大きくて華麗な尾羽は採餌や敵からの逃避に有利とは思えませんが、それにも増して配偶行動に有利になり、総合的には適応度が上がるためにこのように進化したと考えられます。いったん長い尾羽を好むメスが多数になるとオスは尾羽が長くなる方向に進化するため、尾羽はどんどん長くなっていきます。オスとメスの間で形態が異なることを性的二型といいます。メスに対して特徴的な行動をとるオスもいます。鳥のなかには繁殖期にメスのために餌を渡すものがあり、メスは「プレ

図11-2　配偶相手の獲得戦略

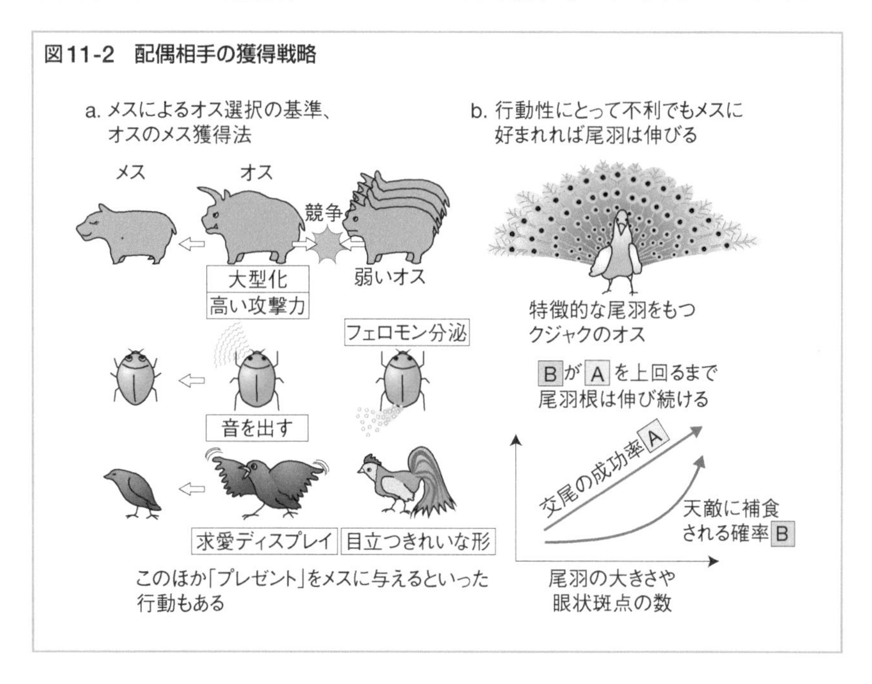

ゼント」の数や大きさから交尾相手を決めます。

ワンポイント　オスとメスの比率

オスとメスの性比がどの生物でもほぼ1：1なのはなぜでしょう。オスが多いと次の出産ではメスを生むことが有利になります。そこでメスを多く生む世代がしばらく続くと、今度は集団でのメスの数がオスを上回ってしまいます。すると次はオスを多く産むほうが有利になります。このような自然選択力のため、性比は1：1で落ち着きます。

11.2 生理特性を環境に適応させる

11.2.1　植物の例

植物には光合成でエネルギーを獲得するためのさまざまなしくみがあります。オオオナモミは広い葉を上部に集中的につけますが、ススキのような細長い葉をもつものでは下部にも光が届くため、根元から葉を伸ばします。葉の厚さも光の強いところでは厚く（陽葉）、弱いところでは薄く（陰葉）なります。光合成では気孔を開いて二酸化炭素をとり込みますが、このときに水分が失われる危険性があるため、光がない場合は気孔を閉じます。乾燥状態に適応した植物のうち、トウモロコシのような C_4 植物には気孔を閉じ気味にしたうえで二酸化炭素を濃縮して葉緑体へ送るしくみがあり（**10.3.3 項**（p.149）参照）、サボテンのようなCAM植物は夜に気孔を開けて得た二酸化炭素を液胞に保持し、昼に気孔を閉じたままで光合成をします。光合成のためには葉はできるだけ高いところにつけたほうが有利ですが、水の吸い上げにコストや危険（例：水流が切れる）があるため、乾燥地帯の植物は一般に背が低く、光の少ない高木の根本にある低木は広い葉を互いに重ならないようにつけます。

11.2.2　動物の例

動物体内の約60%は水分ですが、陸上動物は呼気や尿、汗として水を体外へ出してしまいます。水の少ない環境に棲む動物は水分を失わない工夫が必要です。この典型的な例のひとつが北アメリカの砂漠に棲むカンガルーネズミです（**図 11-3a**）。このネズミはまったく水をとらなくても長期間生存できるのですが、必要な水の大部分は酸化水（代謝水ともいう）でまかない、そのうえ濃い尿や乾いた便を排出し、呼気から水蒸気として失われる水分を鼻で凝結水にして回収しています。このネズミには汗腺がなく、発汗による体温降下はできませんが、体温上昇に耐える特殊な能力があります。

海中の動物では塩分侵入という問題が生じます（体内塩分が高いと危険であるとともに、水は塩分［つまり浸透圧］の高いほうに移動するので、体から水が失われる）。サメやエイは窒素老廃物の尿素の濃度を高めて体内浸透圧を海水と同じにし、塩分は腸から出します（**図 11-1b**）。硬骨魚類は濃い尿をつくるとともに鰓（えら）から塩分を排出します（注意：淡水産魚類はこれと逆の機能をもつ）。鳥類、ウミガメ類、クジラ類などは鼻や目などから濃い塩水を出したり、濃い尿をつくります。

体温の維持も動物にとっては重要ですが、変温動物では体温調節のための行動をとるものがあります。一般には寒いときには日光浴をし、暑すぎると日陰や水中に移動します。筋肉を動かして体温を上げる例はミツバチや抱卵中のニシキヘビにみられます。汗腺をもつ動物は汗を出して体温を下げます

図11-3　動物の水分や塩分を調節するしくみ

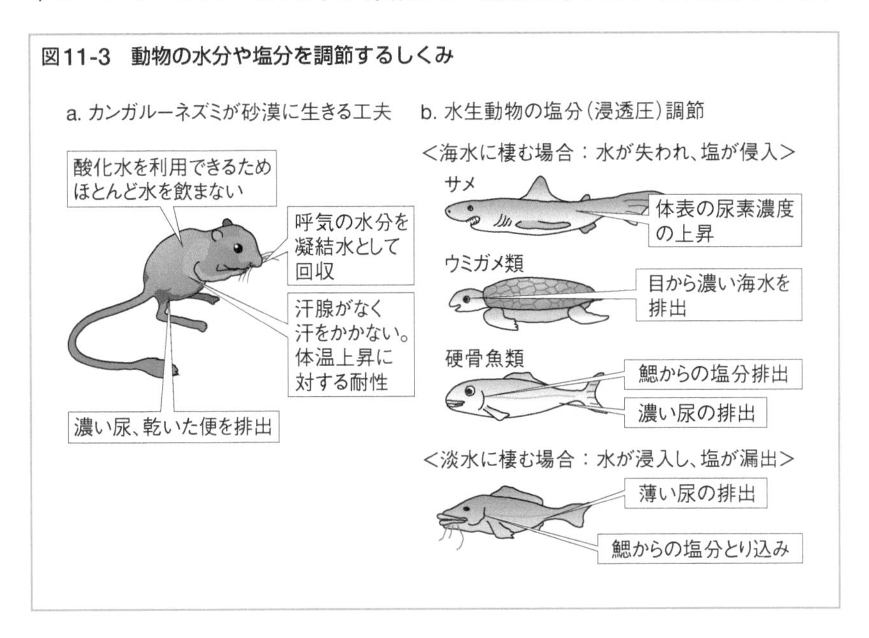

が、汗腺の発達していないイヌは「ハアハア」というあえぎ呼吸をし、口腔の水を蒸発させて体温を下げています。哺乳動物は寒冷地ほど大型化して耳が小さくなる傾向がありますが、いずれも体重当たりの熱放散量を減らすために進化したと考えられます。

コラム　化学物質を使う植物の生存戦略

植物は生息場所を変えることができず、そこで自身を食べる動物や養分、水分、光を奪うほかの植物に対抗する必要があります。ある種の植物は、根からポリアセチレンを出してほかの植物の増殖を抑制します。クルミの葉にはほかの植物や昆虫を近づかせない物質に変化する成分が含まれ、未熟なウメの実には動物にとって猛毒の青酸化合物があります。ユーカリの葉には草食動物に有害な油成分があります。

11.3　生態的見地からみた進化の方向性

11.3.1　多くの子孫を残すための戦略「r-K選択説」

少ない餌しかないところや混み合った状況で生活している個体群内の個体は競争があるので大きな個体が有利になりますが、このような個体には遅い成長速度、長寿命、多数回繁殖という特徴がみられます。他方、餌が豊富で競争がない環境では、よく増えるものが有利となり、速い成長速度、小さな個体、小卵で多産、短寿命という特徴がみられます。個体数が繁殖によって増えるとき、時間当たりの個体数（N）の増加は $r(1 - N \div K)N$ の式で表せます（r＝内的自然増加率、K＝環境収容力）。繁殖パターンが進化する方向はrを大きくするか、Kを大きくするかの2つがあり、これをr-K選択説といいます。トラはK選択を、ネズミはr選択をとります。

11.3.2　生存のために形を変える

動物は繁殖や生存のために環境に応じて形態を変える必要がありますが、生物の種類によって餌の種類やとり方にも適応がみられます。このよい例が、ガラパゴスフィンチという小鳥に認められます。ガラパゴス諸島には多くの

図11-4　生存にとって効率がよくなるように形態が変わる

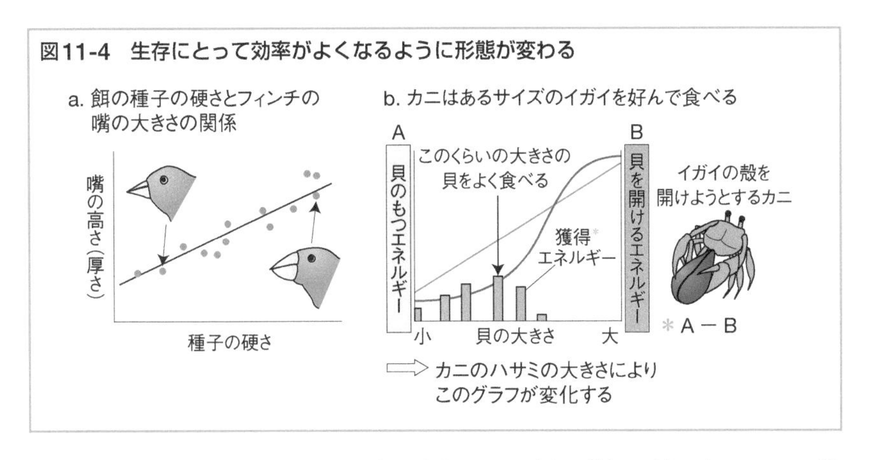

島がありますが、島によって環境が違うために餌の種類が異なり、そこに棲むフィンチはその島の餌が効率よくとれるような嘴（くちばし）の形に進化しました。大きな種子を食べるフィンチは分厚い大きな嘴をもっています（**図11-4a**）。ガラパゴス諸島では1977年の干ばつの影響で餌の植物の実が大きく種子も硬いものが増えたのですが、その結果、嘴の厚いフィンチが多く生き残り、干ばつのあとに生まれた子の嘴は厚いものが多くなりました。イガイという貝を食べるカニの場合、カニは貝の殻を開けるためにエネルギーを使いますが、大きすぎる貝は開けられず、他方、貝が小さすぎるとあまりエネルギーが得られません。あるサイズのハサミをもつカニは、利益（餌から得られるエネルギー）からコスト（殻を開けるエネルギー）を差し引いた値がもっとも大きくなる貝をよく食べます（**図11-4b**）。

11.4 個体群の構造と働き

11.4.1　生物が増え続けることはない

植物しか生息していない島に少数のシカを放すと数年後には島はシカでいっぱいになりますが、ある数になるとそれ以上は増えません。これはある個体数密度を超えると餌不足や競争で死ぬ個体が増え、また母親の生殖能が低下し、産子数の減少や死亡率の上昇がおこるためです。一定の環境は一定の環境容量しかなく、生物が限界密度を超えて増えることはありません。個体群（ある生物種の集団）の密度が個体数の増加に及ぼす負の効果を密度効果といいます。他方、環境の激変、餌の枯渇、伝染病などにより集団は容易に個体数を減らします。そして、個体密度がある閾値（限界値）以下になると、個体数が極端に減るとともに個体群の繁殖能がどんどん低下し、必然的に絶滅という運命をたどることになります（例：日本のトキ）。密度効果は植物にもみられます。ポットに植物の種を蒔いて個体を成長させると種を少なく蒔いたポットの個体は大きくなるのに、たくさん蒔いたポットでの個体は小さくしかなりません（**図11-5**）。結局トータルでみればポットの最終収量はほぼ同じになるのです。

図11-5　植物にみられる密度効果

11.4.2　個体群が大きく増減する現象

個体群の規模が通常の範囲を超えて大きく増減する様式には次のようなものがあります。

A. 周期的増減

ヨーロッパではカラマツを摂食する害虫のカラマツアミメハマキというガが約９年周期で大繁殖し、そのときにはカラマツの葉はほとんど食い尽くされます。類似の現象はカナダのカンジキウサギやイギリスのライチョウ、あるいは野ネズミなどでもみられます。この現象の原因のひとつは気候変動といった非生物的要因ですが、生物的要因もあり、ある動物を捕食する天敵の動物との関係でおこる場合や（例：ホッキョクギツネとレミング、カンジキウサギとオオヤマネコ）、餌となる食物の食べ尽くしとの関係でおこる場合が知られています。トナカイは高密度になると餌の植物の植生を破壊するほどのダメージを与えますが、そのあと遅れてトナカイの数が減少します。トナカイが減少すればわずかに残った植物が個体数を増やし、それを追ってトナカイも増えるということでこの現象が説明できます。このような現象を周期的増減といいます。

B. 非周期的増減

A. に対し、北欧の比較的暖かい地域の野ネズミの個体数が気候や季節によって細かく変動する現象には周期性がなく、非周期的増減といいます。

ワンポイント　相変異

トノサマバッタなどの草を食べるトビバッタ類は、個体密度が高くなると集まる性質が強くなり、さらに形態がそれまでの孤独相から、体色が黒ずみ、羽が長くなる群生相へと変化します。孤独相が通常のトノサマバッタで、群生相はワタリバッタとよばれます。これらは同一の種で相変異によって形態が変化したものです。群生相の個体は集まって産卵するために集団は次第に大きくなり、食草が不足して、ついには新しい食草を求めていっせいに飛翔して大移動することになります。

11.4.3　群れ：動物はなぜ群れるのか？

住宅地に群れるムクドリやアシカに追われるイワシの群れなど、弱小な動物のなかには群れをつくるものが多くあります。このような動物にとっては、群れをつくっていれば見張り役の個体が敵の接近に目を光らせていられるので、ほかの個体は安全に食事ができ、食事中に群れが突然逃げ出したときには、理由はともあれ自分もいっしょになって逃げれば、とりあえず難を逃れることができます。群れと同じ動きをする個体は敵の標的になりにくく、数が多ければ自身が捕食される確率が低下します（希釈効果）。群れで敵に立ち向かったり、寒冷時には集まって寒さをしのぐこと（例：ニホンザル）もできます。ただし群れをつくると餌を独占できず、餌をめぐってけんかが激化し、傷ついたりする個体が増えます（**図 11-6a**）。つまりある個体がけんかをしている時間と見張りをしている時間の間には負の相関（☞トレードオフ）があるということになり、群れのサイズはこの両者の計が最小になるところで落ち着くことになります（**図 11-6b**）。

11.4.4　動物個体群の挙動

A. 種間競争

同種の個体が同じ生息単位（パッチ）に生息すると、資源をめぐる競争がおこります。資源の豊富な高い質のパッチには多数の個体が生息しますが、

図11-6　弱い動物は適応度を上げるために群をつくる

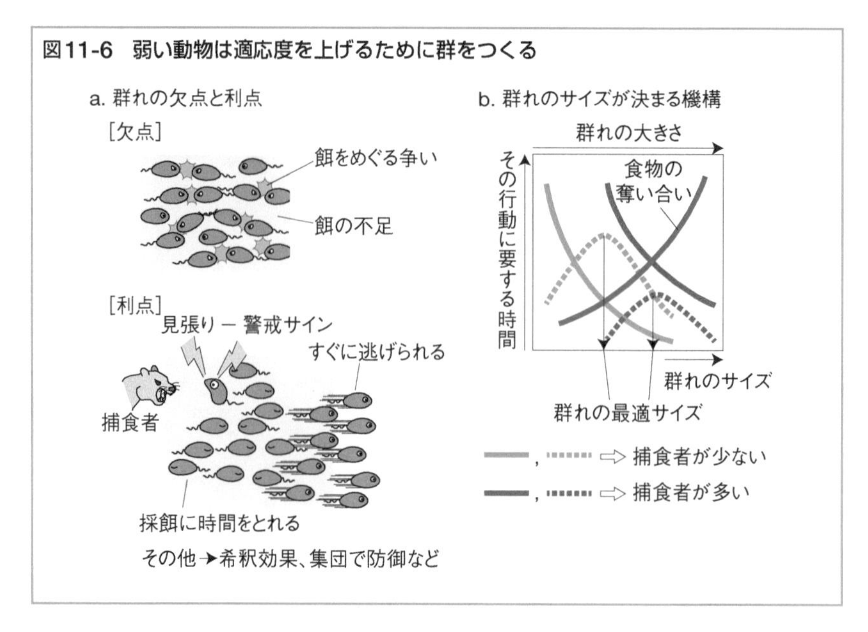

質の高いパッチに割り込んで競争するよりも、質が低くても密度が低ければそのほうが有利な場合もあるため、質の低いパッチにも少数の個体が生息します。資源をめぐって競争関係にある個体間には攻撃的な行動がみられがちですが、同種他個体は強敵であり、自分が負傷あるいは死亡する危険性が高いために、攻撃的であることが常に有利とはいえません。一般に動物は攻撃によってより資源を得た場合の適応度の増加が大きいと攻撃的になり、資源の価値が小さいときは非攻撃的に進化するといわれています。

B. なわばり

動物の行動範囲にほかの個体が入った場合に、その個体を追い払って行動範囲を守るとき、守られている空間をなわばり（テリトリー）といいます。なわばり内には資源がありますが、資源が餌の場合を採餌なわばり（例：アユ）、配偶相手の場合を配偶なわばり（繁殖の場合は繁殖なわばり）（例：シオカラトンボ）といいます。なわばりが大きければ多くの利益が得られますが、見回ったり侵入者を追い払うといったコストがかかるため、なわばりの大きさはコストが利益を下回る範囲になります。

C. 順位とリーダー

群れをつくる動物のなかには優劣の序列に基づく順位制がみられるものが

います。順位行動としては相手をつつく（例：ニワトリ）、かじる、叩くなどがありますが、相手に大きな損傷を与えることはまれです。順位が上のものが餌を横どりすることなどもあります。リーダー制はサルやシカなどの群れにみられる現象で、群れの行動をまとめ、統率します。順位やリーダーといった挙動を下記の社会性動物と合わせ、社会行動とよぶ場合があります。

D. 社会性動物

集団生活を営む動物のうち、不妊の階級がみられるものを社会性動物、その現象を真社会性といい、アリや一部のハチ、ある種の哺乳類（例：ハダカデバネズミ）などにみられます。社会性動物は多世代で構成されているために血縁関係にあり、血縁度（祖先を共有することによって同じ遺伝子をもつ確率）が高く、また繁殖にかかわらずにほかの個体の繁殖を助ける（利他的行動をとる）ような集団が存在します。ミツバチの女王バチは生殖能のない二倍体のメス（働きバチ）と半数体のオスバチを生みます（この様式を半倍数性という）。メスは労働のみに従事する働きバチとなりますが、幼虫時代にローヤルゼリーを与えられると女王バチとなります。オスバチは特定の時期に生まれ、精子をつくります。働きバチは生殖能がないため自身の適応度はゼロなのですが、利他的行動によってほかの個体の適応度を上げます。利他的行動を受ける個体群中で利他的遺伝子をもつ比率（X）が高ければ、集団としての利他的遺伝子の数が増えることになり、自身の適応度をカバーでき、この遺伝子は進化できます。Xが高くなる選択のひとつに血縁関係にあることによる血縁選択がありますが、とりわけはミツバチの姉妹間の血縁度は0.75と高く、利他的遺伝子が維持されやすくなっています（**図11-7**）。別に、利他的行動を示す個体が、利他的行動（恩恵）を受ける個体が示す形質によってそれが恩恵を与える個体だとわかる場合も、やはりXが高くなります（これを相互利他性という）。

図11-7　ミツバチの血縁度

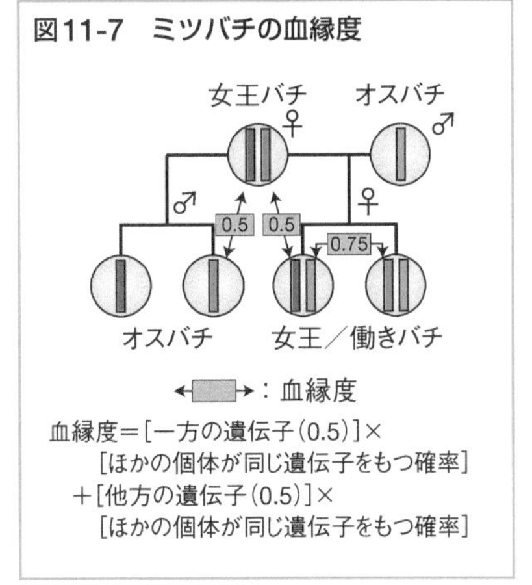

章末問題

1 生物の生存に関する「適応度」とは何でしょう。

【答え】子として残る遺伝子数

2 生物が繁殖のために必要なもの、そしてそれを得るためのエネルギーを生態学用語で何というでしょう。

【答え】繁殖に必要なもの＝資源（養分、エネルギー、配偶者など）。それを得るためのエネルギー＝コスト（コストにはほかに病気や被食などもある）

3 オスとメス、どちらが多いほうが種の繁栄に有利でしょうか。

【答え】どちらでもなく、雌雄同数が最適。

4 砂漠に適応した動物の形態や生理現象にはどのような特徴がみられるでしょう。

【答え】①形態的特徴＝体重が少ない、耳などの突出部位が大きい、汗腺が少ない　②生理的特徴＝濃い尿をつくる、代謝水を有効利用する

5 2 種類の生物集団（個体群）が関連しあって周期的に増減する現象の例をあげてみましょう。

【答え】ＡがＢを食べるとＢが減るが、やがてＢ（餌）がなくなってＡも減る。すると今度はＢが増える速度が上がり、Ａもそれを食べて増えはじめる。

6 個体群密度と個体サイズの間には何か関係があるでしょうか。

【答え】密度と個体数は逆相関の関係にある。

7 攻撃される弱小動物はなぜ群れをつくるのでしょう。

【答え】安全確保のため。見張りが充実し早めに逃げることができ、また自己が捕食される確率が減る。群れで応戦することもできる。

8 メスを求めてオスが争う動物が多いのはなぜでしょう。

【答え】オスの精子数に比べメスの卵は圧倒的に少なく、オスが自分の遺伝子を残すためにメスを争って獲得する必要がある。

12章 生物群集と生態系

生物は1種だけで生きているわけではなく、生きるためにほかの生物を食べ、ほかの動物と競争し、ときにはほかの動物に食べられます。さらに生物は環境を構成するひとつの要素でもあり、環境のなかでいろいろな挙動を示します。環境には生物以外の要素もあり、それらが全体で生態系をつくっています。この章では生物群集の営みや相互関係、生態系の構造と機能、さらにはその保全についてみていきます。

12.1 生物群集

ある区域に生息するすべての生物種の個体群から成り立つ生物の集合を生物群集といいます。

12.1.1 種間相互作用

A. 種間競争と生態的地位

大部分の生物個体は限られた資源をめぐって競争関係にあります。異なる種の間でおこる競争のことを種間競争といいますが、それぞれの種は必要とする資源（例：餌）と生存可能な条件（例：気温）の組み合わせであるニッチ（生態的地位）のなかで生きています（**図12-1**）。類似のニッチをもっている生物種の間では競争がおこりますが、自然界では異なるニッチを利用して棲

図12-1　ニッチの概念

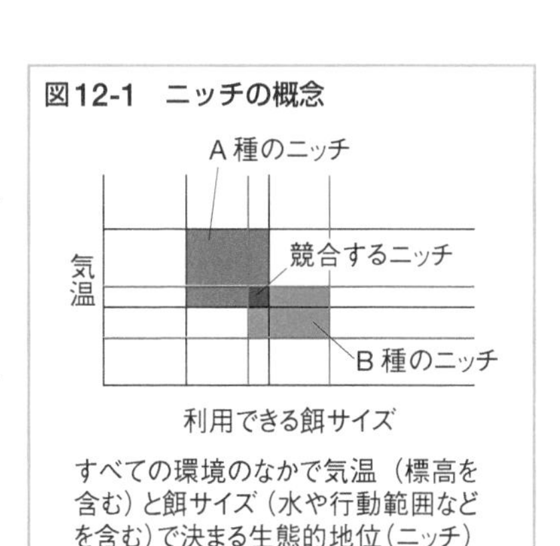

すべての環境のなかで気温（標高を含む）と餌サイズ（水や行動範囲などを含む）で決まる生態的地位（ニッチ）

み分けや食い分けをし、競争を回避するしくみも多くあります。アメリカに生息する4種のシマリスは本来それぞれのニッチ（基本ニッチ）をもっていますが、他種と共存する場合は基本ニッチのなかのある特定のニッチ（実現ニッチ）をもつようになり、それぞれが異なる標高にある異なる樹木を食べて棲み分けをしています。同じニッチをもつ2種の生物は均衡を保った状態で長期間生存することはできず、競争排除則が働いてニッチの分化がおき、やがて安定します（例：1本の木を食草とする2種の動物が木の上と下に生息する）。競争する2種の間には、形態の変化とニッチの変化が同調しておこる共進化という現象もしばしばみられます（例：ガラパゴスフィンチの嘴（くちばし）の進化。**11.3.2項**（p.162）参照）。類似の2種が同じニッチをもっているとき、最初に種が別々の方向に少しだけ進化し、それらがわずかに異なるニッチをもったために祖先より少しだけ有利となると、この機構がどんどん進化し、ついにはニッチと形態が祖先と明瞭に異なる2種に進化します。

B. 捕食と被食

動物の種間には「食う－食われる（補食－被食）」の関係が存在します。カナダのカンジキウサギとその捕食者であるカナダオオヤマネコは約10年の周期で増減をくり返しますが、捕食者と被食者の間にみられる個体数のこのような同調的で周期的な増減を共振動といいます（**図12-2**）。この現象はまず捕食者が被食者の大半を食べたあと、餌不足になって個体数を減らし、今度は少し生き残った被食者の数が増え、それを追うようにして捕食者も数を増やすためにおこります。一周期はおよそ数世代～10世代かかりますが、被食者の周期がわずかに先行するという特徴がみられます。

この現象を実験的に再現させる場合、被食者が食い尽くされ、結果捕食者

図12-2　アズキゾウムシと天敵の寄生バチとの間の補食－被食関係に基づく個体数の変動（振動）

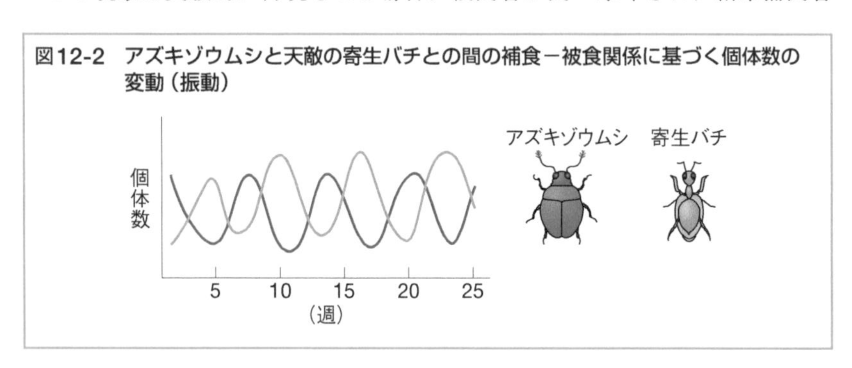

も絶滅するという結果になってしまう場合があります。しかしその場合も捕食者の移動を制限する仕切りをつくると両者の周期的共存がみられるようになります。仕切られた部分的環境（パッチ）があることで、パッチ間での同調が抑えられ、その結果すべてのパッチでの絶滅もおこらないと考えられます。パッチは部分個体群で、それから構成される全体の個体群をメタ個体群といいますが、自然界は多かれ少なかれメタ個体群になっています。

C. 異種生物間にみられる競争以外の相互関係

生物群集を構成する生物の種間相互作用には明確な相互作用のない場合（中性的関係。例：シマウマとキリン）や競争のほかに共生があります。相利共生は共生することで互いに利益を得られる関係ですが（例：サンゴ虫と藻類）、片方だけが利益を得る場合は片利共生といいます（例：サメに付着するコバンザメ）。共生する互いの生物の間に共進化がみられる場合がよくあります。寄生も共生のひとつの様式で、寄生するほうが一方的に利益を得、寄生される宿主は不利益を被るだけになります（例：動物に寄生する寄生虫）。ただ利害関係は複雑で観察できないこともあります。ある種が生活の環境を変えることによりほかの種の生息場所などをつくることがありますが、このような作用をもつ種を生態系エンジニアといいます（例：ダムをつくるビーバー）。

12.1.2　植物群集

A. 植生、相観、群落

地表を覆う植物の広がりを植生、その外観を相観といいます。植生は生態系の重要な要素で、動物に生活の場を提供します。植生を決める重要な要素は気温と降水量、そして土壌です。植生の種類は、林（落葉樹林、針葉樹林、マングローブ林など）、草原（湿原、お花畑など）、荒原、水生植生などと多様です。群集と似た用語に群落がありますが、これは周囲と区別できるような植物の集団を意味します。群落は通常何種類かの植物のまとまりでつくられますが、「ススキ群落」のように同一種が優占する場合にも使われます。一般に群落内の植生には階層構造がみられ、森林の場合、高いほうから順に高木層（スダジイ、アラカシなど）、亜高木層（ヤブツバキ、シロダモなど）、低木層（ヒサカキ、アオキなど）、草本層（ヤブコウジ、ベニシダなど）、コケ層となります。

B. 生物群系（バイオーム）

相観によって区分された群集をバイオームといい、植物だけではなく、土壌の特性や動物相を含む広域的な集合を意味します。バイオームは基本的に平均気温と降水量によって決まります。地球上のバイオームは森林、低木林、草原、ツンドラ（シベリアなどにある寒冷な荒地）、砂漠に大別されますが、さらに気候帯によっても区分されます。森林の場合、亜寒帯のタイガには針葉樹林が、温帯には常緑広葉樹林と落葉広葉樹林（夏緑樹林）、熱帯には熱帯多雨林や熱帯季節林がみられます。草原の場合、熱帯には草本植物が密生して低木が散在するサバンナ、温帯には樹木はほとんどないステップやプレーリーがあります。標高が 100 m 上がるごとに気温が 0.6℃下がるので、標高もバイオーム形成要因となります。2,500 m 以上の高地では森林はみられなくなり、低木や草本のみがみられます（森林限界）。

日本の気候帯は亜熱帯（沖縄）から亜寒帯（北海道の一部）ですが、大部分は温帯気候に含まれてどこも降雨量が多いために温帯林が中心となります。森林植生は九州から関東地方までの暖温帯では暖温帯常緑広葉樹林（照葉樹林：カシ、シイなど）が、そこから北側の冷温帯では冷温帯落葉広葉樹林（夏緑樹林：ブナ、カエデなど）がみられます。日本には寒帯はありませんが、代わりに 2,500 m 以上の高山帯に高山植生（ハイマツ、コマクサなど）がみられます。なお亜寒帯／亜高山帯では亜寒帯針葉樹林（亜寒樹林：トウヒ、トドマツなど）が、亜熱帯では亜熱帯多雨林（ヘゴ、マングローブ植物）があります。各バイオームにはそれを特徴づける動物も生息しており、たとえば中部地方の山岳地帯の低地帯、山地帯、亜高山帯、高山帯の代表的な動物はそれぞれタヌキ、ツキノワグマ、ニホンカモシカ、ライチョウです。

12.1.3　植生の遷移

植物のまったくない裸地に植物が侵入して群落が形成される過程を植生遷移といいます。このうち火山噴火後の溶岩台地など、植物がまったくないところからはじまるものを一次遷移、山火事や森林伐採からはじまるものを二次遷移といい、後者は遷移が速く進みます。陸地での乾性遷移の場合（**図 12-3**）、まず裸地にコケ類や地衣類、ススキなどが生え、数年後には草原が形成されます。そのあと低木林、陽樹林、混合林、陰樹林と遷移し、撹乱がなけ

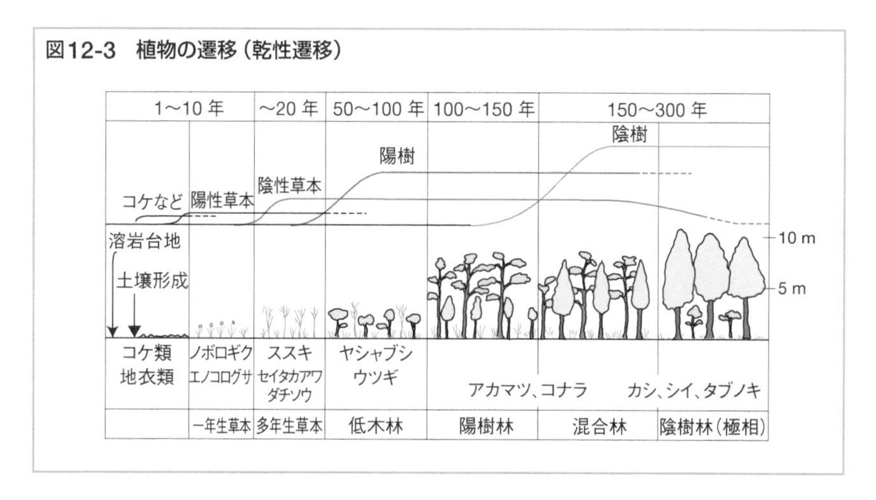

図12-3　植物の遷移（乾性遷移）

れば最後には極相林（例：クスノキ、タブノキ）となりますが、この間150年ほどかかります。沼地などでおこる湿性遷移ではまず土砂などで水位が浅くなり、ヒツジグサなどの浮葉植物が現れ、さらに土砂で埋まって湿原を経て草原へと移行し、その後は乾性遷移をたどります。森林の林床は光が少なく、樹木の更新は不活発ですが、背の高い林冠木がなんらかの理由で失われると光が差し込む明るい場所（ギャップ）ができ、その部分で樹木の更新がおこります。遷移は生態系復元の重要な要因で、撹乱（**12.1.4 項 B**）があっても生物群集は元の状態に復元することができます。

12.1.4　群集の多様性（図 12-4）

A. 群集の種多様性

生物群集に含まれる生物種の豊富さ（＝多様性）を種多様性といいます。種多様性が高いということは種数が多いという意味ですが、各種が均等に存在するほうが偏って存在するほうよりも多様度は高いといえるように、種多様性は種数と均等度の両方で評価します。熱帯多雨林の種多様性はとりわけ高いことが知られていますが、これには暖かく水が豊富なことが生産性を上げ、ニッチの分化度も高く、環境も安定しているなど、いくつかの理由があります。

B. 多様性を保てる理由

似た資源を利用する複数の種が共存すると競争がおきて平衡状態が崩れ、

図12-4　生物多様性の維持・縮小・拡大

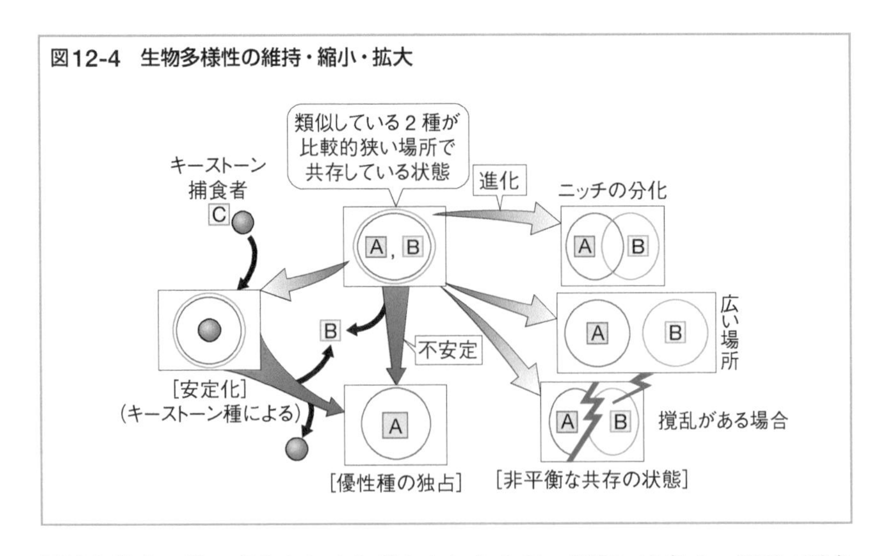

区域が特定の種で専有されると考えられますが、実際には多くの場所で種多様性が維持されています。この理由のひとつとしてニッチの分化がありますが、ニッチの重複が小さいほど種間競争は穏やかになります。他方、同じニッチをめぐって競争しながら種数がダイナミックに変動しつつも劣性種が存続するという現象（非平衡な共存）もみられます。非平衡な共存で競争排除がおこらない理由としては、捕食や撹乱（☞自然現象、人為的理由、外来種などの生物的理由などにより生態系の定常状態が崩れること）によって優位種が減少する、優劣関係が時間とともに変化する、あるいは継続的な生物の侵入があるといった理由が考えられます。サンゴ礁を形成するサンゴの種類はある強さの波のところでもっとも多いのですが、これは波（＝撹乱）が強すぎると多くの種が絶滅し、弱すぎると優位な種の専有がおこるためで、適度な撹乱が種多様性の上昇に働いていることになります。海岸の岩礁で底生生物をヒトデが捕食して多様な種が存続する状態のところでヒトデを駆除すると、ヒトデが好んで捕食していたイガイが岩礁を覆うほどに繁殖して岩礁の種多様性が失われるという現象がおきます。この場合のヒトデのような種多様性を維持する動物をキーストーン捕食者といいます。

C. 面積と種多様性

面積が大きいほうがそこでの生息環境要素も多いため、種多様性も大きくなります。このことは海洋島に存在する生物種数を考える場合にも参考にな

図12-5　離島における移住と絶滅の平衡モデル

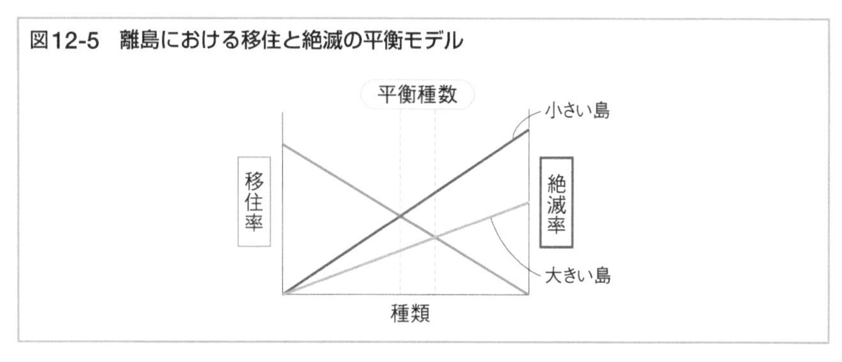

ります。種多様性では島の大きさと大陸からの距離が重要で、島が小さいと絶滅する種が増え、大陸から遠いと大陸から移住できる生物が減ります。絶滅率あるいは移住率を縦軸、定着した種数を横軸にとると、正と負の傾きの直線が引けますが、その線の交わった所が平衡状態を意味し、その島で定着できる種数となります（移住と絶滅の平衡モデル）(**図12-5**)。

12.2 生態系

生物群集にその基盤となる無機的環境を合わせたものを生態系といいます。無機的環境（非生物的要素）には媒質（生物を育むための媒体：水、空気、土壌）、媒質を支える基質（例：岩石）、そして代謝材料（例：光、水、二酸化炭素、塩類、酸素、有機物）が含まれます。

12.2.1　食物連鎖

生物群集のなかの各生物種を捕食－被食の関係から、生産者（主に植物）とそれを摂食する一次消費者（植食者、草食動物）、さらに一次消費者を捕食する二次消費者（肉食者、肉食動物）、それらを捕食する高次消費者（高次肉食者）に分けることができますが、これらの関係を示したものを生食連鎖といいます（**図12-6**）。他方、生物の遺骸や排出物はそれを餌・エネルギー源とする生物や微生物（腐食者、分解者）によって利用・分解されますが、この関係を腐食連鎖といい、あわせて食物連鎖といいます。このように多くの生物は食物連鎖で直接間接の関係で複雑につながっており、その全体を食物網といいます。食物連鎖の各段階を栄養段階といいますが、陸上生物群集の食物連鎖は5段階程度までで、海洋生物群集では8～10段階程度です。

図12-6　生物間での有機物の移動（食物連鎖）

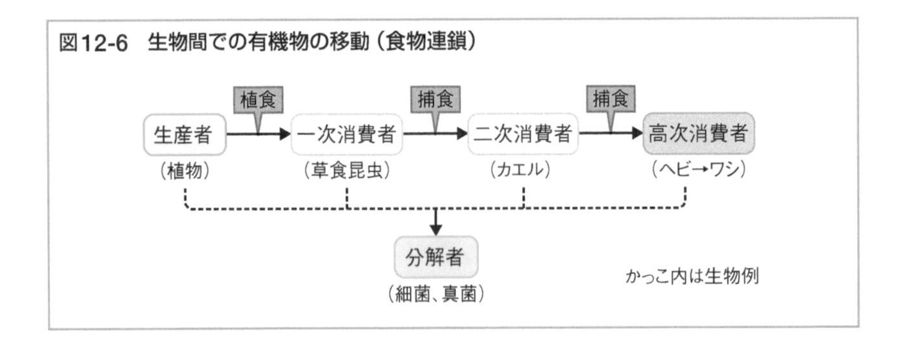

12.2.2　生態系の生産性

A. 現存量と生産性

生態系が生物を生産する能力はどう測ればよいのでしょうか。個体数では重量のばらつきがあり正確ではないので、生物量測定では単位当たりの重量、とくに乾燥重量（有機物量に近い）が一般に用いられ、現存量という用語を使います。現存量はバイオマスという用語でも表され、生きている生物だけではなく、死んでその場に堆積した生物も含めることもあります。動物の場合は、同化量（摂食量から不消化量と排出量を引いたもの）から呼吸量を引いたものが生産量になります。熱帯雨林の現存量は非常に大きく、地球全体の約40%を占めています。生産者である植物が光合成でつくる有機物総量を総一次生産（あるいは総生産）、そこから呼吸で使用される量を差し引いた量を純一次生産（あるいは純生産）といいます。時間当たり・単位面積当たりの純生産を純生産速度といい、ほぼ現存量に比例し、バイオームでみると、熱帯雨林、沼や沢や湿地、熱帯季節林、温帯常緑樹林、温帯落葉樹林、北方針葉樹林、ツンドラ、砂漠の順に小さくなります。海洋の場合、現存量と純生産速度は外洋で小さく、藻場やサンゴ礁では大きくなっています。

B. エネルギーの流れと生態ピラミッド

生産者の有機物の一部は消費者に捕食され、またその一部が上位の栄養段階の消費者に消費されます（☞残りは呼吸や成長で使用され、脱落、死および排出に回る）。消費者が同化した有機物量から呼吸分を差し引いた量を二次生産といいます。有機物は生産者が太陽光エネルギーを使って同化したもので、有機物量をエネルギー量と言い換えることができますが、上記からわ

図12-7　生態系におけるエネルギーや物質の流れ

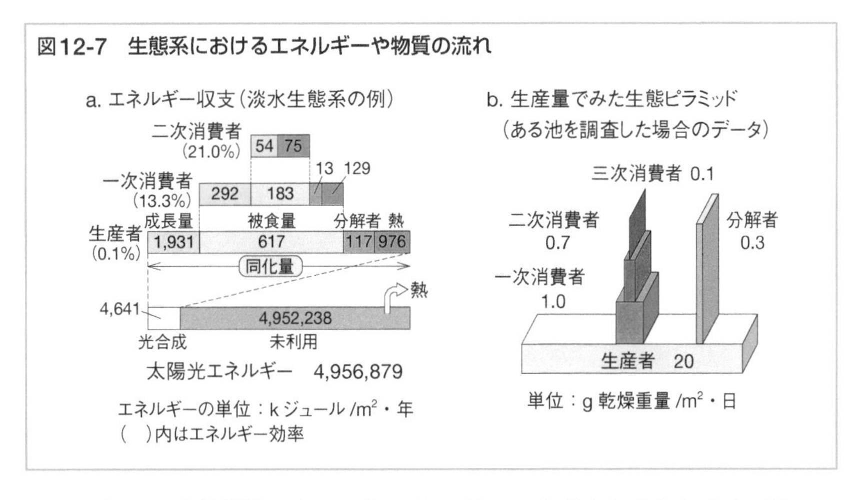

かるように、栄養段階が上がるとエネルギーは必ず少なくなります（**図12-7a**）。このように後述の物質や元素の流れとは異なり、生態系でのエネルギーの流れは一方通行となります。生態系のなかで個々の栄養段階にある生物に関する指数を図形で表したものを生態ピラミッドといい、個体数、現存量・エネルギー量、生産速度などで表現されますが、一般的には上位にいくほど減り、ピラミッド状になります（**図12-7b**）。栄養段階が一段上がると図形の面積はおよそ10～数十%になります（注意：寄生の場合や海洋生態系では上位ほど個体数が多いことがある）。

12.2.3　生態系における物質や元素の流れ

生態系内の物質は生物間のみならず、自然現象や人為的要因によっても移動します。水の場合、地球の水の大部分は意外にも岩石に閉じ込められていますが、利用できる水の大部分は海洋にあります。この水が蒸発し、雨となって地上に降り、川を通って海に戻ります。水の一部は生物にとり入れられますが、やがて水蒸気となって大気に戻るか、排出物とともに地上に戻されます。元素のうち酸素はほぼ水と同じ挙動を示し、また呼吸や光合成を通じて生物間を循環します。炭素は前述のように大気中の二酸化炭素が有機物となって植物に固定され、食物連鎖で生物間を移動したり、呼吸を介して二酸化炭素となって大気に戻ります。この意味で水と二酸化炭素は開放的に生態系を移動しているといえます。二酸化炭素の大部分は海水に溶けて存在しています。炭素の一部は化石燃料として地中にありますが、最大の貯蔵場所は石灰石と地中の有機物です。

窒素はタンパク質や核酸に含まれますが、その循環の大部分は生態系内でおこなわれます。植物は土壌中のアンモニアや硝酸塩から窒素を有機物に同化させ、有機物はそのあと食物網を回ります。死骸や排出物に含まれる窒素は分解者によってアンモニアとなり、一部は亜硝酸塩、硝酸塩となって植物に戻り、また一部は大気に入ります。大量に存在する空気中の窒素ガスは生物の生産には関与しませんが、窒素固定細菌やラン藻はこれを同化することができます。リンはATPや核酸などの成分となる元素ですが、窒素以上に生態系のなかで閉鎖的に移動し、主にリン酸塩の形で植物によって吸収・利用されます。落葉した葉は分解者により分解されてリン循環にかかわり、またリンの一部は岩石からも供給されます。

12.3 生態系の保全と地球環境

12.3.1 生態系サービス

人類は生態系からさまざまな利益や恩恵を受けていますが、それらを生態系サービスといい、いくつかに分類することができます（**表12-1**）。土壌形成や光合成による酸素供給、送粉昆虫による受粉などはほかのサービスの基盤となるので基盤サービスといいます。供給サービスは、飲料水や食糧、生物（遺伝子）資源などを提供し、調整サービスには気候の調節、洪水や浸食、撹乱や水質、個体群の調節などが含まれます。文化的サービスはレクリエーションの場や美的環境を提供し、保全サービスは遺伝子資源の保護や、棚田や防風林の保全を通じて環境保全や防災に役立っています。

表12-1　生態系サービスの種類

基盤サービス	生命活動の基盤を形成する	物質循環、光合成によるO_2の供給、土壌形成など
供給サービス	物質を供給する働きをもつ	飲食資源、生物資源、エネルギーの供給など
調整サービス	自然環境を調節する	気候・洪水の調節、廃棄物処理など
文化的サービス	人間の文化的機能を提供する	レクリエーション、文化的刺激など
保全サービス	人間生活にとっての保全にかかわる	資源の保護、災害の備えなど

12.3.2　生態系の人為的変化や破壊（図 12-8）

A. 環境破壊

近年、人口増加を主因とする環境の悪化が問題になっています。生態系の人為的変容の原因のひとつは都市化ですが、人口の都市集中による夏期の気温上昇も問題になっています。都市が河川の河口付近にできることにより上流にダムがつくられ、河口付近の護岸工事が進み、生態系は大きく変化して動植物が棲みにくい環境になりつつあります。人間活動の増幅はより広い住宅地や農地を必要としますが、これによって干潟の干拓や水質の富栄養化も進んでいます。乾燥地帯での過放牧、過耕作、森林伐採などの人為的活動は農地の質を低下させ、砂漠化を進め、不適切な灌漑（かんがい）は農地に塩類を蓄積させて農耕に重大な影響（塩害）をもたらします。

人間活動による大気や水質の悪化（大気汚染、水質汚染、残留農薬など）は公害などといわれ、健康への被害が開発途上国を中心に広まっています。水質汚染で水が富栄養化するとプランクトンなどが異常増殖し、河川でアオコ、海洋で赤潮や青潮を発生させ、酸欠や有害物質の産生が元で動物の死滅がおきます。海洋での重油流出事故は、海域の動物に大きな被害を及ぼします。大気汚染は酸性雨の原因となり、それによる森林破壊という現象もおき

図12-8　生態系を脅かす要因とその影響

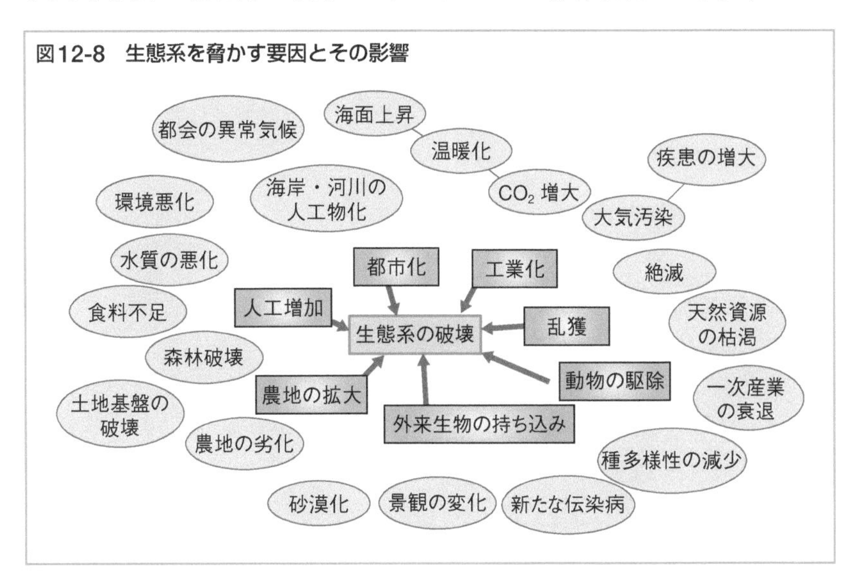

ます（例：ドイツ南部の黒い森とよばれる森林）。大気に関する別の懸念にオゾン層の破壊があります。オゾンは太陽からの紫外線を遮り、突然変異や癌（がん）などの発生を減らしていますが、フロンなどの人工の化学物質によるオゾン層破壊が、とくに高緯度地方で問題視されています。

B. 種多様性に直接影響する事例

人間が生態系の動植物を直接撹乱する例として森林伐採があります。さらに森林伐採は温室効果ガス減少に負に働き、とりわけ耕作地拡張や木材製造などを目的とした熱帯雨林の減少が問題になります。有限な水系生態系が生産できる水産資源を過度に捕獲する行為を乱獲といいます。日本ではかつてサケやニシン、現在でもイワシやウナギの乱獲による資源量減少が問題になっています。海外でも、たとえばタイセイヨウダラは50年ほど前には100万トンほどあった漁獲量が乱獲により2万トン近くまで減少しました。

多様性維持にとっては新たな種の導入も問題です。本来分布している種（在来種）以外のものを人間がもち込んだ場合、その種を外来種といいますが、今日私たちが身のまわりで普通に目にするアメリカザリガニやブルーギルなどの動物、セイタカアワダチソウやセイヨウタンポポなどの植物も外来種です。外来種は計画的にもち込まれたものが多く、大部分はそれらが環境に不法投棄されて野性化しましたが、なかには植物の種や小動物などのように人間や物資の移動の際、衣服や資材、機械などに紛れて非意図的に侵入したものもあります。外来生物は一次産業に経済的被害を与え、景観を変え、生態系や食物網に影響を与えて在来種を駆逐したり、在来種との間に雑種ができてそれが優勢になるなどの影響をもたらします。

12.3.3　生物の絶滅

A. 絶滅とは

ある種のすべての個体が子孫を残さずに地球上から死に絶えることを絶滅といいます。じつは絶滅は地球の歴史においては必然の出来事で、すべての生物種はいずれ絶滅する運命にあります。生物種は数百万年の単位で絶滅し、新たな種にとって代わられるため、シーラカンスのような生きた化石は極めて少数です。絶滅が話題にのぼるのは、近年絶滅する種数がとくに多いということにあります。日本でもニホンオオカミなど、いくつかの種が明治以降に絶滅しました。最近の種絶滅速度は恐竜の生きていた白亜紀末期の種絶滅速度の4千万倍になっているともいわれています。

B. 絶滅の原因

絶滅増加の原因は、人口の爆発的な増加とそれにともなう生態系の破壊、悪化、撹乱、そして温暖化などの気候の変化と考えられます。大きな個体群（メタ個体群）が生息する地域が市街地や森林伐採などで区切られると個体群が分断されますが、このような隔離が絶滅の引き金となります。血縁者どうしの交配が増加すると、ホモ接合となる遺伝子が増え、劣性形質が出やすい近交弱勢が高まります。さらに自然選択効果が弱まることにより遺伝的浮動の効果が高まり（**13.4.2 項 C**（p.194）参照）、有害な突然変異遺伝子がゲノムに蓄積する頻度が高まります。これらの効果は互いに増強しあうため、そこに撹乱や外来生物の侵入、生息地の縮小や気候変動といった外的要因が加わると、それが引き金になって絶滅が一気に進んでしまいます（**図 12-9**）。

C. レッドリスト

現存する種を絶滅の危険度の程度に分けて、該当する種と危険度などの情報「レッドリスト」に加えて、形態、繁殖などの生態、生息環境、絶滅に向かう要因とその対策などをまとめたものをレッドデータブックといい、国際自然保護連合（IUCN）から発行されています。2021年の時点で約37,000種が絶滅危惧種に登録されており、日本でも国内向けに環境省がレッドリスト

図12-9　絶滅促進要因の連動による絶滅の渦の発生

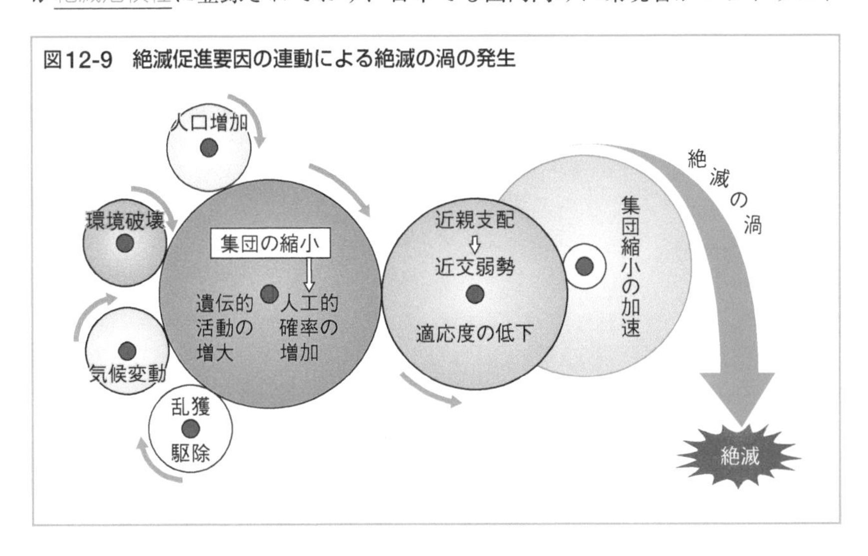

を公開しています。

12.3.4　気候変動の生態系への影響

現在問題になっている地球規模の気候問題のひとつに地球温暖化がありますが、その原因として温暖化ガスである二酸化炭素の人為的増加があります。50年前は320 ppmだった大気中の二酸化炭素濃度は現在420 ppmになっていますが、これは化石燃料の燃焼による上昇と考えられます。現在は陸地も海洋も二酸化炭素を正味吸収していますが、今世紀末には気温上昇によって吸収量が減少に転じ、より深刻な状況になると懸念されています（☞二酸化炭素の水溶解度は温度上昇で低下し、陸地では有機物の分解速度が上がるため）。地球上に照射されるエネルギーが地表に吸収され、温められることによって赤外線が放射されて大気を温めますが、温められた大気は再び地表を温めるので、熱が大気圏にとどまりやすくなります（温室効果）。二酸化炭素はメタンと並び、赤外線などを吸収する代表的温室効果ガスで、その上昇が温暖化をもたらすとされ、事実、世界の平均気温はこの100年間で約1℃上昇しています。温暖化は植物の繁殖を高めて純生産量を上げるとともに、植物分布域の北限や山岳地域での生育上限を上げるといった植生の変化ももたらします。

12.3.5　生態系の保全

20世紀後半になって世界中の多くの原始的自然環境が失われ、公害をはじめとする人為的な環境や生態系の破壊問題が深刻化し、地球環境問題が顕在化してきました。これを受け1972年国連人間環境会議において人間環境宣言が採択され、そのあと生物多様性条約や生物多様性基本法がつくられ、自然環境と生物多様性の保全の意識が国際的に高まりました。日本においてもさまざまなとりくみが推進され、いろいろなレベルでのとりくみや支援が具体化しつつあります。

章末問題

1 2種の生物種が同じニッチをもつとどのようになるでしょう。

【答え】ニッチ（生態的地位）が同じため、共通の資源をめぐって競争がおきる。

2 異種生物間の相互作用では、競争以外に何があるでしょう。

【答え】捕食−被食、共生、寄生、中性的関係というものもありうる。

3 世界のバイオーム（生物群系）を5つに分類してください。

【答え】森林、低木林、草原、ツンドラ、砂漠

4 植生やバイオームを形成する主な要因は何でしょう。

【答え】気温（標高を含む）、降水量／水分量、土壌

5 植生遷移とは何でしょう。

【答え】植物のない裸地が時間とともに植生が変化すること。陸地でおこる乾性遷移、沼地などでおこる湿性遷移がある。

6 生態系を構成するものとは何でしょう。

【答え】生物群集とその基盤となる無機的環境（非生物的要素：水、空気、土壌など）をあわせたもの。

7 捕食と被食の関係性やその全体像を何というでしょう。

【答え】関係性：食物連鎖（生食連鎖、腐食連鎖）、その全体像：食物網

8 地球上でもっとも生態学的に生産量の多い場所はどこでしょう。

【答え】熱帯雨林

9 人類が生態系から受ける恩恵を一般に何というでしょう。

【答え】生態系サービス

10 レッドリストとは何でしょう。

【答え】現存する生物種を絶滅の危険度の程度に分けて該当する種と危険度などの情報を記載したもの。

13章 生物の進化

生物の遺伝的形質は時間とともに変わりますが、これを進化といいます。現在私たちが目にしている生物も、出現してから進化を経たあとの姿であり、進化は生命の歴史そのものということができます。この章ではヒトを含め、現生生物がどのように進化してきたのかを、進化機構も含めてみていきます。

13.1 生命と生物の起源

13.1.1　生命が生まれるとき

A. 自然発生説の否定

中世以前まで、生物は自然に生まれると考えられており、ウナギは泥の中から、ハエは腐った肉から自然に生まれると信じられていました。しかし肉が入っている容器の口を布で覆うとハエは発生しないことから、自然発生に対する疑問もなかったわけではありません。この点を明確にしたのがパスツールです。1862年、彼は白鳥の首フラスコ（☞フラスコの細い首部分に水滴があって、微細な粒子の移動がそこで阻止される構造をもつ）内部の煮沸したスープがいくら経っても微生物の増殖によって腐ることがないことを確認し、生物は自然には発生しないことを証明しました。

B. 生命の誕生

生命がいかに誕生したかは、現在でもまだよくわかっていません。ミラーは単純な無機化合物から高電圧の放電によって簡単な有機物ができるという実験から、太古の地球環境でアミノ酸や尿素といった有機物が生成され、それらがより複雑な物質に進化する化学進化という概念を提唱しました。細胞ができる仮説としては、ゼラチンゴムのような有機物の懸濁液からできる液滴（コアセルベート）が原始細胞になるというコアセルベート説がオパーリンによって提唱されました。そのあとも細胞の原型に関する仮説は出されてはいますが、まだ有力な説明はできていません。隕石から塩基などの有機物が見つかることから、「最初の生命は地球以外から」という説もないわけではありません。最近も宇宙探査機「はやぶさ2」が小惑星「リュウグウ」の砂からアミノ酸を発見しました。

13.1.2　細胞の共通性と初期の進化（図13-1）

生物はDNAという共通の遺伝物質をもち、その発現機構も基本的には同じで、さらに同じような構造の細胞に包まれ、内部の物質にも共通性があることから、生物学者は「地球上の生物は共通の祖先細胞から進化した」と考えています。RNAに遺伝子様機能とタンパク質様機能の両方が備わっていることから、最初の遺伝物質はRNAだったのだろうと考えられています（RNAワールド仮説）。最初の生物（原始生物）は外部から栄養を摂取して増殖する従属栄養生物で、そのあと有機物を自らつくれる化学合成細菌や光合成細菌といった独立栄養生物が進化したと推定されます（注：酸素はまだわずかだった）。次に二酸化炭素を原料に光合成をおこなうラン藻類が増え、酸素濃度が上昇したと考えられます。さらに植物が出現して酸素濃度が急激に上昇

図13-1　太古におこった生命・細胞の進化

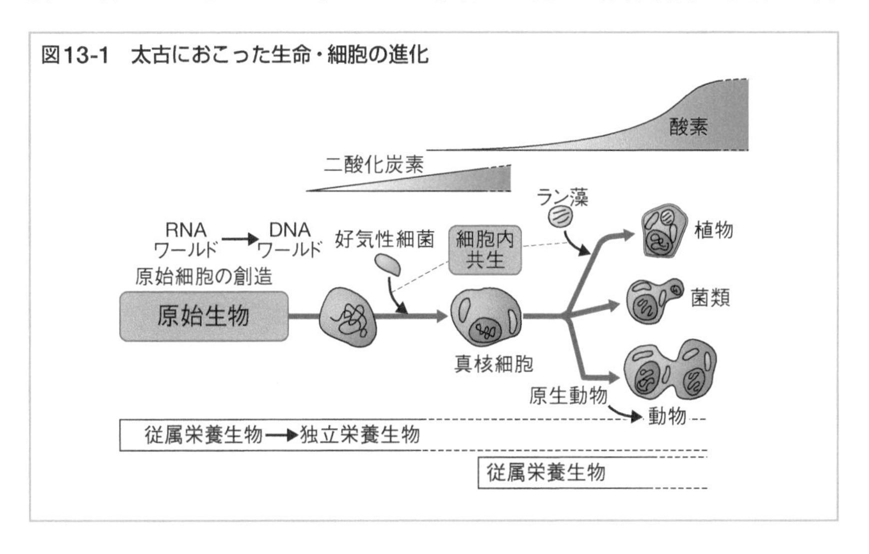

して今の水準になると、あとを追うように動物などの従属栄養生物が生まれたのでしょう。

真核細胞や動物細胞は細胞内共生で生じたと考えられています。無酸素状態で生息する古細菌類似の細菌に好気呼吸をする細菌が入り込み、それが現在のミトコンドリアになり（☞ミトコンドリアは細菌と同じく環状DNAをもっています）、同時にゲノムDNAは膜で包まれたのでしょう。植物はそこにさらにラン藻が共生してできたと考えられています。

13.2 地質時代における生物の進化

13.2.1　地質時代：先カンブリア時代～古生代

A. 先カンブリア時代

地球誕生時の46億年前から長い先カンブリア時代を経て、そのあとの古生代、中生代、新生代と続く期間を地質時代といいます（**図13-2**）。先カンブリア時代は比較的単純な生物が生存していた5億4千万年前までで、35億年前に細菌類が、27億年前にはラン藻類が、20億年前には真核生物が生まれました。この間に大気に酸素が含まれはじめたため、紫外線を遮るオゾン層も形成されました。多細胞生物として、クラゲの仲間や節足動物がいたことが化石研究からわかっています。

B. 古生代

次の時代は古生代といい、2億5千万年前まで続きます。この前半には古い順にカンブリア紀、オルドビス紀、シルル紀が含まれますが、とくにカンブリア紀は多くの無脊椎動物が一気に出現した時期で（カンブリア爆発）、三葉虫やバージェス動物群などが存在していました。オルド

図13-2　地質時代の年代

代		紀	
新生代		第四紀	100万年前
新生代		第三紀	7,000万年前
中生代		白亜紀	
中生代		ジュラ紀	
中生代		三畳紀	2億5千万年前
古生代	新古生代	ペルム紀	
古生代	新古生代	石炭紀	
古生代	新古生代	デボン紀	4億2千万年前
古生代	旧古生代	シルル紀	
古生代	旧古生代	オルドビス紀	
古生代	旧古生代	カンブリア紀	5億4千万年前
先カンブリア時代			46億年前

ビス紀になって魚類などの脊椎動物が出現して酸素濃度も上昇し、シルル紀にはオゾン層が形成され、陸上動物や陸上植物が出現しました。4億2千万年前からの新古生代のうち、まずデボン紀ではシダ植物が増えはじめ、高温多湿の石炭紀ではそれが全盛となって木本のシダ森林が形成されました。この頃になるとは虫類も出現しています。最後のペルム紀になると気温が寒冷化に向かい、造山運動がおこって地球環境が大きく変わるとともに、シダ植物が衰退し、代わって裸子植物が出現しました。

13.2.2　中生代から新生代：種子植物、は虫類、そして哺乳類の登場

A. 中生代

中生代は古生代のあとから7千万年前までのアンモナイトが繁栄した時期で、はじめは比較的温暖で、は虫類や裸子植物が全盛だったのですが、後期になるにつれて寒冷化に向かっていきました。超大陸（パンゲア大陸）の分割移動が地球規模でおこったのはこの頃です。中生代は3つの時期に分けられますが、最初の三畳紀では哺乳類が出現し、次のジュラ紀では大型は虫類（恐竜）が繁栄し、さらに被子植物が出現しました。最後の白亜紀では恐竜が絶滅しましたが（隕石の落下が引き金となったという説がある）、代わって鳥類が繁栄してきました。

B. 新生代

中生代が終わってから現代につながる時期が新生代です。その区分には諸説ありますが、現在は第三紀（古第三紀と新第三紀）と100万年前からはじまる第四紀に分けられています。気温が温暖化に転じたので草本植物が発展し、哺乳類は適応放散（☞豊富なニッチがある状況で、ある祖先から多様な子孫が進化してくる現象）によって多様な種に進化し、また人類の祖先が出現した時期でもあります。第四紀に入ったあと4度の氷河期がありましたが、最後の氷河期が終わった2万5千万年前に現在のような気候環境になり、マンモスなど、それまでいた多くの種が絶滅したために動物の種類が大きく変わり、現在のような生態系ができあがりました。人類は氷河期を乗り切って現在では世界中に広がっており、第四紀は人類の時代といえます。

13.2.3　ヒトの進化

ヒト（学名ホモ・サピエンス）は霊長目（サル目）に属していますが、ほかのサルと違い、巨大な脳と高度な知識と文明をもつのが特徴です。分類的には狭鼻類（例：ニホンザル）のなかのヒト科－ヒト亜科（ヒト属、ゴリラ属、チンパンジー属）－ヒト属になりますが、分子系統学的研究からチンパンジーに近いことがわかっており、ヒトはチンパンジーと共通の祖先から進化したと考えられます。ヒトへの進化は第三紀の末頃におこったのですが、古い順から猿人（500～200万年前）、原人（第四紀。200～20万年前）、旧人（60～3万年前）、新人（10万年前以降）、そして現生人類へと進化してきました（**図13-3**）。ホモ・サピエンスは原人のあとで生まれ、その一系統が旧人（例：ネアンデルタール人）などに進化しましたが、旧人はなんらかの理由で絶滅し、別の系統から新人（例：クロマニヨン人）が進化しました。現生人類は新人（あるいは別の系統もあったかもしれない）から進化したと考えられます。ミトコンドリアDNA（母系を追跡できる）の分析から、現生人類の一人（ミトコンドリアイブと比喩（ひゆ）されることがある）がかつてアフリカに住んでいたことが明らかになり、アフリカから進化しながら世界中に広がったと考えられています（☞ヒトのアフリカ起源説）。現生人類は何度もあったヒト属の発生と絶滅の結果誕生したのでしょう。新人ないし現生人類が生きていたおよそ1万年～5,000年前までを旧石器時代、そのあとの約5,000年間で古代文明がつくられたあたりまでを新石器時代といいます。

図13-3　ヒトの進化

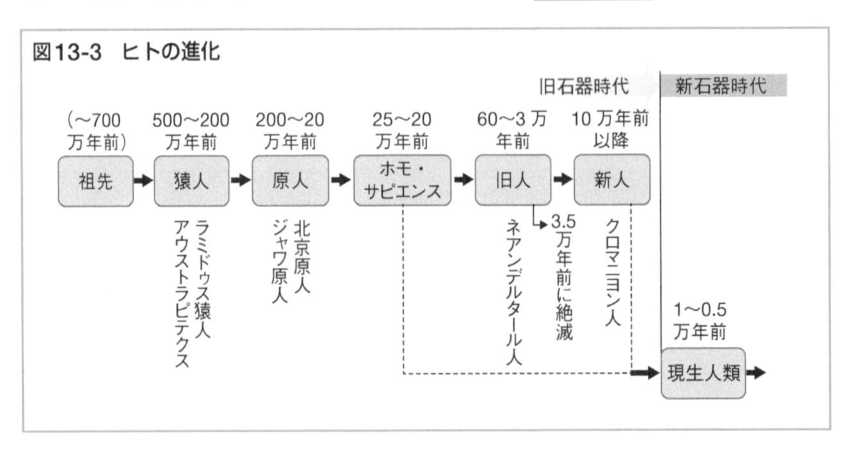

13.3 進化の軌跡

13.3.1　進化とは

生物の形質を決める遺伝子は一定頻度で変異し、さらに生物をとりまく生態系が動的であるため、生物は適応度を上げる（☞子孫に遺伝子を残すため）ために世代を経るに従ってその形質をより有利に変化させ、さらにそれが遺伝によって子孫に継承されていきます。これが進化です。新しい種ができる種分化以上の進化（例：魚類からは虫類が出現する）を大進化、亜種や変種が生まれるような進化を小進化という場合があります。進化という用語は、日常的に使う「より進歩した。より複雑化した」という意味ではなく、形質の異なる生物が生まれる場合すべてをさし、洞窟の魚の目やヒトの盲腸の退化（退行進化）も進化といいます。形質にとらわれず、生物がもつゲノム構造が変化する場合も進化（あるいは分子進化）という場合があります。

13.3.2　進化の証拠：化石

生物が進化したことを示す証拠は、その痕跡が鉱物に封じ込められた化石にみることができます。特殊な例では松ヤニの中にとじ込められた琥珀の中の化石もあります。化石でわかることは主に2つで、ひとつは化石を含む地層の年代測定から生物の生息していた年代がわかること、もうひとつはその生物が暮らしていた環境や生態がわかることで、前者と後者を示す化石をそれぞれ示準化石、示相化石といいます。化石のでき方はさまざまです。多くは骨が石化したものですが、個体は残っていないがその痕跡が石となったもの（例：動物の足跡、植物の葉脈の跡）、生活や生態の証拠として残ったもの（例：捕食の跡、糞）など、さまざまなものがあります。化石によっ

図13-4　始祖鳥の復元想像図

て明らかになった有名な大進化の例として、恐竜から鳥類への進化をうかがわせる始祖鳥（☞は虫類の特徴を有した鳥類。**図13-4**）や羽毛をもつ恐竜の化石があります（注：最近恐竜以前の地層から羽毛をもつ小型のは虫類が発見されたことにより、鳥類と恐竜が共通の祖先から出現したという可能性もありうるといわれている）。ウマの進化を示す証拠は、それぞれの時代での骨の化石から得られ、体長が大きくなるとともに中指以外の指が退化し、ひづめが発達したことがわかりました。通常ひとつの種の寿命は数百万年程度で、地質時代の生物が今も生きている例はほとんどありませんが、まれに化石になっている生物が現在も生きている生きた化石が存在します（例：シーラカンス、カブトガニ）。

13.3.3　現生生物にみられる類似性

絶滅した古代生物の化石はごく一部しか残っていませんが、この場合でも、現生生物の特徴や比較から進化があった事実を推定することができます。

A. 発生や形態の見地から

哺乳動物の発生過程をみると、胎児期に順番に魚類、両生類、は虫類に特徴的な形態が部分的に出現することから、科学的な正確さはともかく、ヘッケルは1880年「個体発生は系統発生をくり返す」といいました。幼生の形が系統進化をたどるかのような別の例は、アミ→エビ→カニとその幼生の間でもみられます。成体の体型や外観が違っていても、その骨格に共通性がみられることから（☞相同器官。例：魚の胸びれ－クジラの前足（胸びれ）－イヌの前足－ヒトの手。**図13-5a**）、脊椎動物が共通の祖先から進化したことは容易に想像できます。他方、クジラの後ろ足は退化してありませんが、小さな骨が痕跡器官としてわずかに残っています。ヒトの盲腸や耳の筋肉といった退化器官も本来は祖先動物がもっていたもので、進化の証拠になります。

B. 進化の生理生態学的証拠

地質時代に生存していた生物がそのあとの大陸移動によって隔離され、独自の進化を遂げた例がオーストラリアにみられます。早期に大陸が隔離されたオーストラリアは、ほかの大陸とは異なる動物の進化がみられ、多数の有袋類が存在しています。有袋類はより原始的な哺乳類ですが、ほかの大陸では適応度に勝る有胎盤類が隆盛になり駆逐されてしまいました。しかし、オー

図13-5　現生生物にみられる進化を示唆するもの

a. 形態的特徴

1 2 3 4 5

ヒトの手　クジラの胸びれ　鳥の翼

1 2 3

b. 生理学的事実
（鶏胚の窒素排出物の変化）

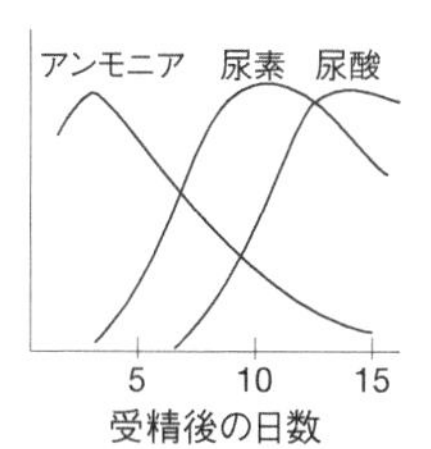

c. 分子レベルでの証拠
シトクロム c のアミノ酸配列の違い

	①	②	③	④	⑤
① ヒト		11	18	31	45
② イヌ	11		12	25	45
③ カエル	18	12		29	47
④ ガ	31	25	29		47
⑤ 酵母	45	45	47	47	

104 個からなるシトクロム c 中で異なるアミノ酸の数

ストラリアでは天敵や競争相手となるような有胎盤類が存在していなかったために有袋類の広範な適応放散がおこり、カンガルー、フクロモモンガ、コアラなど多数の種が現在でも残っています。

C. 物質や分子レベルでの証拠

生理化学的な観点からも進化の痕跡が認められます。窒素の排出方式において、水中に棲む魚類や両生類の幼生は毒性があっても水にすぐ溶けるアンモニアとして排出しますが、水生は虫類や両生類の成体、そして哺乳類はより毒性の少ない尿素として排出し、さらに水分の節約が必要な鳥類や陸生は虫類では尿酸として排出しています。さらに、このアンモニア・尿素・尿酸の順番はニワトリが卵殻の中で発生にそっておこなう窒素の排出の順序と一致しています（**図 13-5b**）。分子構造をタンパク質のアミノ酸配列や、DNA の塩基配列でみると、進化の道のりが具体的にわかります。シトクロム *c* はほとんどの生物がもつアミノ酸 104 個の必須タンパク質で、その構造がよく保存されていますが、ヒトと酵母という系統的に遠い生物では不一致アミノ酸は 45 個なのに対し、ヒトとカエルで 18 個（**図 13-5c**）ですし、ヒトとサルではたった 1 個しかありません。

13.3.4　進化度を測定する：分子系統樹の作成

上述のことから、進化や系統関係の程度は分子の構造を指標にして数量化できることが容易に理解できます。実際には変異を感度よく測定する目的で DNA の配列が使われ、これならばタンパク質の情報を指定している部分以外の DNA 部分も比べられます。ゲノム以外のミトコンドリアや葉緑体といった母性遺伝にかかわるものも使えます。以上のような理由でDNAの塩基配列を道具とした分子系統解析が盛んにおこなわれています。配列の一致度を求め、得られた数値に従って系統関係を木の枝のように表したものを系統樹といい、枝の長さで時間を、間隔で隔りを表します。基準となる値を参考にそれぞれの種が分岐した時代を推定することができます。系統樹のなかで共通の祖先から発生した複数の種は単系統であるといいます。

13.4 進化のしくみ

13.4.1　進化に対する考え方の変遷（表13-1）

中世まで生物の進化は自然発生説に阻まれて永く論じられることはありませんでしたが、19世紀に入ると議論が活発になりました。ラマルクは進化を初めて体系づけた人物で、「生きるために努力し、使う器官は発達し、使わない部分は退化する」という要不要説を唱えましたが、現在では否定されています。ダーウィンは1859年出版の『種の起源』のなかで、生物の生存競争が適者生存という現象をおこし、それが進化の原動力になるという自然選択説を唱えました。彼はガラパゴス諸島のそれぞれ別の島に生息するゾウガメの甲羅やフィンチという小鳥の嘴（くちばし）が、島の地理・気候による餌の違いにより異なることにヒントを得て、親とわずかに異なる子が生まれたとき、自然選択によって生き残りやすい個体が優先的に残って次世代の子孫をつくり、このくり返しの結果、新しい形質の個体が生まれ、それがやがて種となっていくと考えました。この考え方は現在でも原則的には受け入れられています。生物はある特定の方向に進化する潜在性をもつという定方向説は、多くの例

表13-1　進化の仮説

	提唱者	考え方	現在の評価
要不要説	ラマルク	獲得形質が遺伝する	×
自然選択説	ダーウィン	環境に有利なものは増え、それ以外の種は淘汰される	○
隔離説	ワーグナー	隔離が進化を進める	○
突然変異説	ド・フリース	突然におこる遺伝的変化により進化する	△
分子進化の中立説	木村資生	中立的遺伝子の変異がより速く進む	○

で複数の進化経路のうちその一部しか現在につながっていないなどの事実から否定されています。隔離説は、生物の地理的、生殖的隔離が種の分化を促進するというもので、現在でも受け入れられています（**13.4.2 項 C**）。突然変異説はメンデルの法則を再発見したド・フリースによって提案された仮説で、オオマツヨイグサの変異の研究から「種は突然おこる大きな遺伝的変化によって進化する」といいました。変異そのものの程度はどれも小さいために否定されてはいますが、進化の起因が変異であるという考え方は現在も引き継がれています。

13.4.2　進化がおこる機構

A. 集団の遺伝的変異を変化させる要因

ある種の集団を構成している個体間には少なからず変異（遺伝的多様性）がありますが、これらが進化の起因となり、さらに変異個体の増幅によって進化が成立します。集団での遺伝的多様性に影響を与えるものを、多様性を増やす機構と減らす機構に分けることができますが、増やすものとしては変異（DNA 構造の変化も含む）、外部からの遺伝子流動、そして平衡選択（☞ヘテロ接合体の適応度が高いために変異が保持されている状態）があります。一方、多様性を減らしたり特定の遺伝子の比率（遺伝子頻度）を高める要因としては、自然選択のほか、遺伝的浮動や隔離（次頁）があり、これらによって特定の遺伝子の比率が上昇します。進化の条件としてこの２点、すなわち遺伝子構造の変化（変異）と遺伝子頻度があります。メンデル遺伝学に従う集団では、集団の対立遺伝子の頻度は何代経っても変化しないというハーディ・ワインベルグの法則が適用されますが、この条件が当てはまるには、変異や遺伝子の出入りがないことが前提となります。つまり、進化にはこれらが必要だということになるのです。

B. 自然選択の様式

ある表現型に注目した場合、その分布パターンはもっとも多い平均値を中心にした山型の分布曲線で表されますが、世代を経る過程で自然選択が働くと、この分布曲線は異なる形になります（**図 13-6**）。もし平均値が有利な場合は山の裾野部分が減るようになりますが（安定化選択）、平均より一方に偏ると有利な場合は不利な側の裾野が減少し、平均値は有利なほうに移動しま

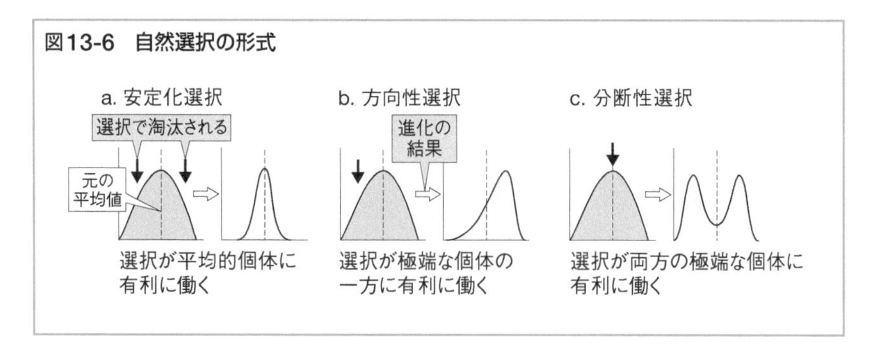

図13-6　自然選択の形式

す（方向性選択）。平均が不利で両極端の個体が有利に働く選択の場合、平均値付近は谷になります（分断性選択）。

C. 遺伝的浮動と隔離（図 13-7）

遺伝子の頻度を変化させる機構は自然選択だけではありません。ハーディ・ワインベルグの法則により、世代を経ても遺伝子頻度は一定なはずですが、なんらかの偶然によってこの頻度が崩れる場合があります。これを遺伝的浮動といいます。遺伝的浮動は集団が大きい場合は目立ちませんが、集団が小さくなるとこの効果が極端に現れます。なんらかの原因で次世代に生まれる個体が極端に減ってしまう場合でも同じことがおこりますが、これをボトルネック効果（瓶首(へいしゅ)効果）といいます。たとえば、数粒しかゴマが出ない瓶(びん)に黒と白のゴマを等量だけ入れて混ぜ、その瓶を振って少数のゴマを落とした場合、落ちたゴマが全部白（黒）ということがありうることがひとつの例になります。全体的な生物集団（メタ集団）では遺伝子頻度が偏らなくとも、そのなかの小さい集団では異なる遺伝子頻度の集団ができやすくなるといえるでしょう。自然界では少数の生物集団の島への移住、天災による区域の遮

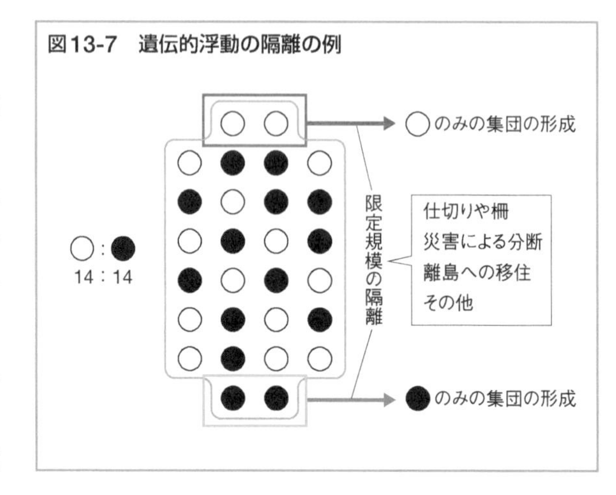

図13-7　遺伝的浮動の隔離の例

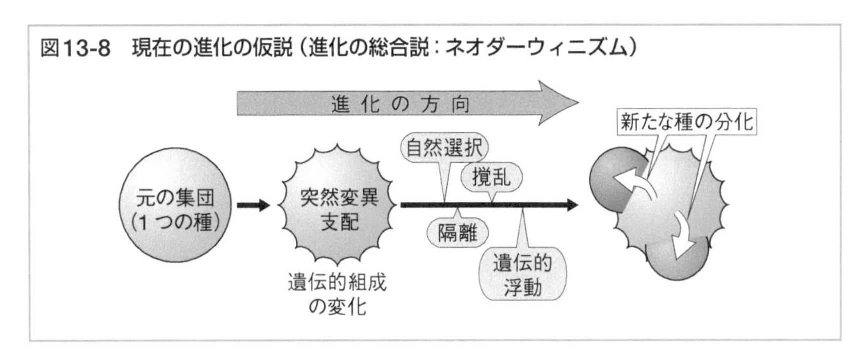

図13-8　現在の進化の仮説（進化の総合説：ネオダーウィニズム）

断などでもこのような状態が生まれますが、このような状態を隔離（この場合はとくに地理的隔離）といいます。隔離のなかには交配できる対象が限定される生殖隔離もあります。

D. 現在の進化理論

これまでのさまざまな考え方を総合的にとり入れ、現在中心となっている進化理論がネオダーウィニズムともいわれる進化の総合説です（**図13-8**）。まず元の集団のなかでの変異や交配を通じて、遺伝子構成が変化したり変異の程度が増大していきます。次に進化を方向づける出来事として、自然選択、隔離、遺伝的浮動がおこり、元集団のなかから新たな種が分化してきます。分化した種は適応放散によりさらに多数の系統へと分化していきます。この理論で小進化は無理なく説明することができます。大進化もこの理論で十分かという疑問もありますが、基本的には小進化の延長に大進化があると考えられています。

E. 分子進化の中立説

遺伝子の進化をDNA／分子レベルでみた場合、進化する大部分は有利でも不利でもない中立の場合がほとんどで、この幅広い中立の変異こそ進化に重要であるという中立説が木村資生（もとお）によって提唱されました。タンパク質をコードする遺伝子ではDNAが変異していても、タンパク質中のアミノ酸はほとんど変化していないという現象がみられ、遺伝子以外のDNA部分（例：遺伝子間領域、イントロン）の進化速度は速く、他方遺伝子部分の進化速度は遅いという現象はほぼ普遍的にみられます。このような現象は「変異が有利だから残る」という自然選択説ではまったく説明がつかないものです。

章末問題

1 進化の定義とは何でしょう。

【答え】時間とともに生物の形質が変化すること。退化も含む。

2 カンブリア紀に無脊椎動物種が一気に増えた出来事はどのような言葉で表現されるでしょう。

【答え】カンブリア爆発

3 哺乳類が出現し、恐竜が繁栄－絶滅し、鳥類が繁栄した大きなくくりの地質時代の名称を何というでしょう。

【答え】中生代

4 現代は地質時代の名称で何というでしょう。

【答え】新生代－第四紀

5 現生人類の起源は単一、複数のどちらでしょうか。その場所はどこでしょうか。

【答え】単一起源。アフリカ

6 動物進化で窒素排出の分子はどのように変化したのでしょう。

【答え】アンモニア→尿素→尿酸

7 生物の進化を客観的に正確かつ定量的に表すためには、生物の何をどのように解析するのがもっともよいでしょうか。

【答え】DNA の塩基配列を解析する。

8 ガラパゴス諸島を訪れて適者生存の考え方を発想し、それを『種の起源』という書物に著した進化学者は誰でしょう。

【答え】ダーウィン

9 ハーディ・ワインベルグの法則とはどのような法則でしょう。

【答え】突然変異や遺伝子浮動のない状態では集団での対立遺伝子頻度が何代経っても変化しないという法則。

生物学の応用

14章 バイオテクノロジー

生物や生命活動を利用・応用する領域をバイオテクノロジーといいます。これまでも発酵で物質を生産するなどの技術はありましたが、細胞や分子遺伝子を自由に扱えるようになった現在では、遺伝子工学、細胞工学、組織工学などの進歩がめざましく、生物を任意に改変したり、病気を治療することも部分的に可能になっています。バイオテクノロジーは現在注目されているエネルギー問題や環境問題でも力を発揮しています。

バイオテクノロジーとは生物や生命過程に手を加えることによって目的に合った生物をつくったり、生命過程や生物材料そのものを利用する応用的学問領域で、生命工学、生物工学ともよばれます。歴史的に古いものとしては発酵によるアルコール飲料や乳製品などの食品、抗生物質やワクチンといった医薬の生産などがあり、その後、固定化酵素を使った反応槽：バイオリアクターなども登場しました。現在では細胞や生体分子が思いのままに扱え、利用を支える工学的技術も進歩していて、新しいバイオテクノロジーが次々に生まれています。

14.1 遺伝子工学

14.1.1　核酸の取扱いと分析

核酸にかかわるバイオテクノロジーを一般に遺伝子工学といいます（**図 14-1**）が、その基本技術に核酸（DNA／RNA）の化学合成があります。ビーズに保護基をもつヌクレオチドの 3′ 末端を固定し、脱保護と縮重をくり返すことによってヌクレオチド鎖を伸ばしていきます。この方法により 100 ヌクレオチド程度の DNA であれば簡単につくることができます。合成したイン

図14-1　遺伝子工学の概要

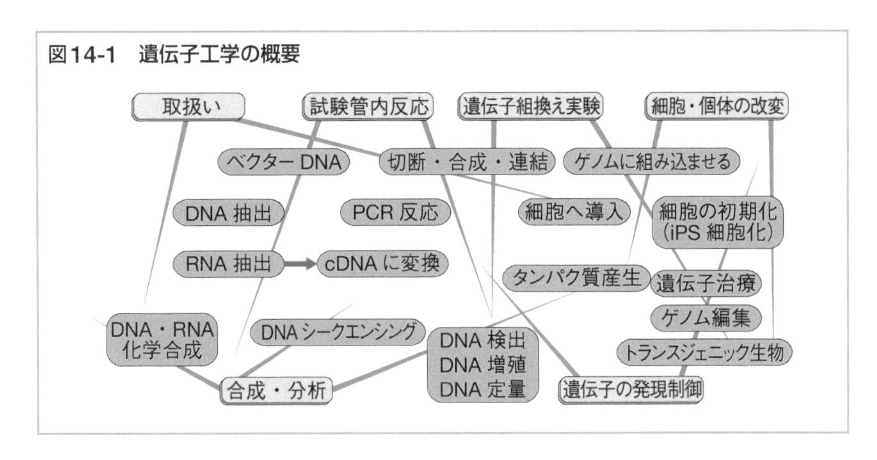

スリンDNAを遺伝子組換え実験と併用することによって大腸菌でインスリンをつくらせ、実際に利用するといったこともおこなわれています。DNAだけではなくRNAも化学合成することができ、RNA工学（**14.1.5項**（p.202）参照）発展の原動力になっています。化学合成の優れた点に、合成が容易で核酸に付加価値（例：細胞内安定性の向上）をつけたり、ある部位の塩基をランダムに変えた多数の核酸を同時につくれるということがあります。

14.1.2　特定DNA断片を試験管内で連結する

制限酵素を使えば、末端構造と長さのそろった任意の特定DNA断片を得ることができます。DNAの制限酵素切断断片の特徴として、多くの場合、末端に短い一本鎖部分（粘着末端あるいは突出末端）ができることがあげられますが、2個のDNA末端が同じ粘着末端をもっていれば、DNAは末端どうしで水素結合によって容易に付着するので、そこにDNAリガーゼを効かせると、切れ目部分（ギャップ）をリン酸ジエステル結合で共有結合させることができます。この操作により、末端が共通であれば無関係なDNA断片であっても連結して1つの分子（☞組換えDNA）にすることができます（バーグ、1980年ノーベル化学賞）。さまざまな工夫（例：3′-突出末端や5′-突出末端の突出部分をなくし、そこに特定粘着末端ができるような連結用DNAを結合させ、制限酵素で切断後に末端どうしを連結する）により、今ではどのようなDNAでも連結することが可能です。

14.1.3 組み換えたDNAを細胞で増やす

プラスミドやファージDNAは細胞内で増幅するので、組換えDNAの一部をそのようなDNAにすれば、組み換えたDNA全体を細胞内で増やすことができます（**図14-2**）。この場合、組み込ませたDNA（☞インサートという）を増やすために使用する複製起点をもつDNAをベクターといいます。ベクターにはインサート組み込みのための適当な制限酵素切断部位と、インサートが組み込まれたかどうか、さらにはDNAが細胞内に入ったかどうかなどを識別するための遺伝子（選択マーカー）が含まれます。マーカーとしてよく使われるものには、生存にかかわる遺伝子（例：細胞に対する阻害物質を無毒化する。ある条件下で通常増殖できない細胞を増殖させる）や、目視を可能とする遺伝子（例：ある条件で発色したり光を発する）があります。細菌を殺す抗生物質のアンピシリンに対するアンピシリン耐性遺伝子の使用や、無色のX-galを青色の物質に変化させる*lac*オペロンのβ-ガラクトシダーゼ遺伝子を使った青白選択は、それぞれ前者と後者の代表的な選択法です（**図14-3**）。ベクターにはこのほか、遺伝子発現やゲノムDNAへの組み込みを制御配列、複数の生物種での複製を可能にする配列を入れる場合もあります。

図14-2　遺伝子組換え実験による目的DNAの増幅

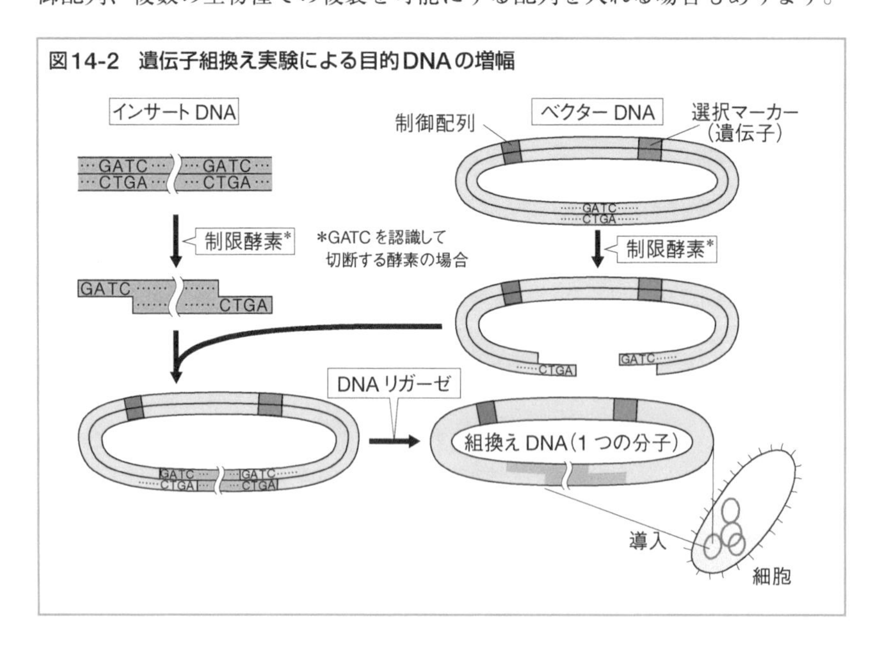

図14-3 遺伝子組換え操作における選択マーカーの使い方

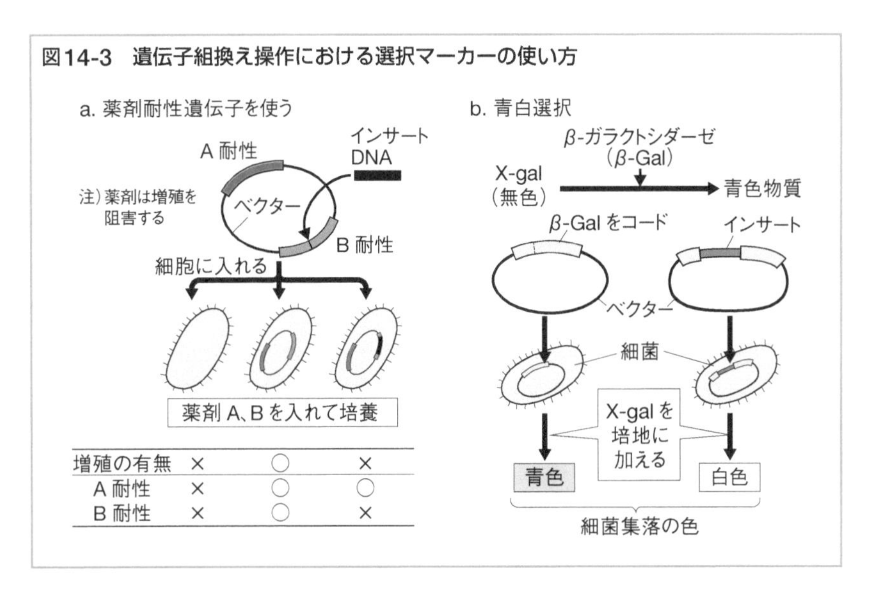

プラスミドやファージは、ある条件で操作すれば1個の細胞内で1種類のDNAのみを増やすことができるため、遺伝子組換え実験では、組換えDNAも細胞内で純粋に増やすことができます。このようにDNA分子を細胞を使って純粋に増やす操作を遺伝子クローニングまたはDNAクローニングといい、プラスミドをもった1個の細菌や1個のファージを増殖させることにより、特定DNAを大量に増幅させることができます。

14.1.4 組み換えた遺伝子を発現させる

DNAクローニングにタンパク質をコードしているDNAを使えば、組換えDNAを元に細胞内でタンパク質をつくらせることができます。この場合、目的遺伝子の上流にその細胞で働く転写と翻訳の制御配列を置く必要があります。このアプローチの重要な成果のひとつは、真核生物のタンパク質を大腸菌で簡単かつ大量につくれることです。ただし大腸菌ではスプライシングがおこらないため、真核生物のゲノムDNAは使えず、まずはいったんmRNAの配列を逆転写させたDNAであるcDNAを試験管内反応でつくり、それをベクターに組み込ませてから発現させます。インターフェロン、エリスロポエチン、成長ホルモンなど医薬として有用な多数のタンパク質はこの方法でつくられています。

14.1.5　RNA工学

RNAにかかわる技術をRNA工学といい、RNAの合成、利用などが含まれます。機能性RNAには**5.6節**（p.81参照）で述べたいろいろなものがあります。結合性をもつアプタマーRNAは特定物質に不特定多数のRNA集団を混合し、結合したものを回収してそれを再度結合物質と反応させ、最終的に特定のRNAを絞るSELEX法によって得られます。アプタマーRNAを体内で使用し、抗体に代わって標的物質を結合によって無力化させる、いわゆるRNA抗体として使用することができます（注意：**9.9.2項**（p.139参照）で述べたmRNAワクチンとは別のもの）。**5.6節**（p.82参照）で述べたようにsiRNAを使ったRNA干渉（RNAi）やリボザイムであるハンマーヘッド型RNAは標的RNAを抑制・分解する手段として効果を上げています。タンパク質と違い、RNAは簡単に新たな構造のものを合成でき、抗原になりにくいなどのメリットもあります。安定性、予期しない配列へ結合性（オフターゲット効果）などいくつか課題は残っていますが、安定性は化学修飾などで増すことが知られています。

コラム　核酸医薬（表）

DNA・RNAやその修飾型、または非自然型核酸（ゼノ核酸）を薬に使う核酸医薬という戦略があり、形態は一本鎖、二本鎖、RNA－DNA二本鎖と多様です。使い方もアンチセンスRNA（☞相補鎖でRNAを抑える）、siRNAやmiRNA、アプタマーやリボザイム、デコイ（分子吸着用の囮（おとり）として）やCpGオリゴ（免疫賦活剤として）などがあります。

表　核酸医薬の種類

核酸の種類	作用と特徴
アンチセンス	標的RNAの相補的核酸で機能を阻害。修飾RNAなどを使用
siRNA	RNA干渉（RNAi）で標的RNAを分解
miRNA	miRNAで標的RNAの機能抑制
アプタマー	分子を結合して抑制。核酸抗体
リボザイム	ハンマーヘッドRNAなどでRNA分解
デコイ	標的に対し囮として作用。吸収作用
CpGオリゴ	自然免疫を刺激して免疫力を高める

14.1.6　PCR の応用

A. 使用目的

4.4.3 項（p.58 参照）で述べた PCR は応用性の高い技術ですが、要点は DNA の既知配列部分の増幅や確認です。このうち微量 DNA の検出や同定を目的としておこなわれる、たとえば微量ウイルスやヒト DNA の PCR はそれぞれ、新型コロナウイルスの検査や犯罪捜査／親子鑑定（個人で差が出やすい部分を検出する）などでおこなわれていることは周知のとおりです。医学的には疾患で変異が関係する遺伝子領域の検査（例：癌（がん）の遺伝子検査）があり、二次産業分野では動植物の産地・品種のチェックなどで使われます。研究ではプライマーの構造を変えたり、余分な配列をつけたプライマーを用いたりして、変異 DNA の作製や DNA 種に依存しない DNA 増幅操作などに使われます。

B. さまざまな原理による PCR

通常の PCR は、鋳型量が少なすぎると電気泳動法では検出できず、逆に多すぎると産物量は飽和に達し、鋳型量に正しく反映した PCR 産物の検出ができません。正確な定量性に着目した PCR を定量 PCR といい、反応時の増幅産物を高感度に蛍光検出するリアルタイム PCR がおこなわれます。DNA 量が極端に少ない試料では試料を微細液滴に分けたものを個別の PCR するデジタル PCR という手法もあります。RNA はそのままでは PCR できないため、いったん逆転写反応で DNA にしてから増幅します（RT-PCR）。

> **ワンポイント　PCR 以外の *in vitro* DNA 増幅**
>
> *In vitro*［試験管内］DNA 増幅法には PCR 以外にもさまざまなものがあります（例：ICAN 法、LAMP 法）。定量性はありませんが圧倒的な増幅能をもっています。

14.1.7　DNA シークエンシング（図 14-4）

DNA 塩基配列の解析（DNA シークエンシング）は遺伝子工学の主要技術のひとつで、一般的・伝統的にはジデオキシ法（あるいはサンガー法）が使

図14-4　DNAシークエンシング法

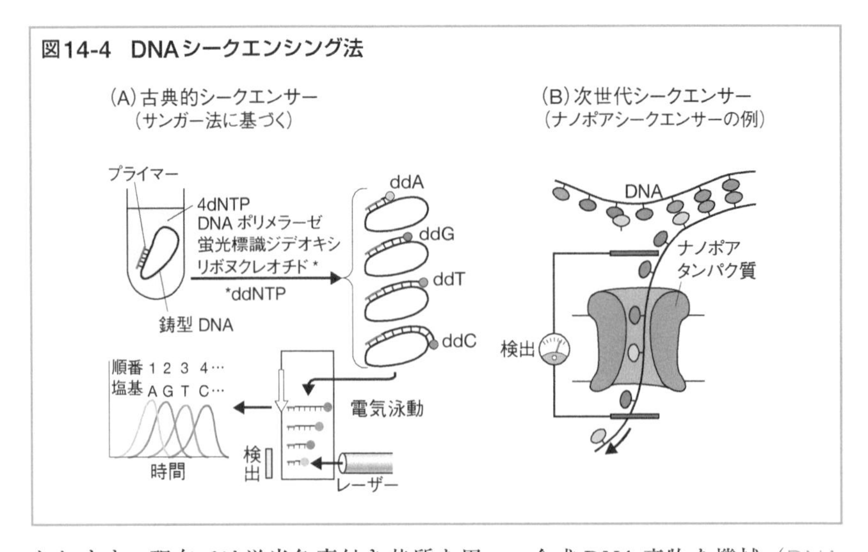

われます。現在では蛍光色素付き基質を用い、合成DNA産物を機械（DNAシークエンサー）で検出します。少し前からは分析能が段違いに高い次世代シークエンサー（NGS）が使われており、かつては何十年もかかった全ゲノム解析が月～週の単位で終えられるようになりました。NGSはDNAを個別に分けず、サンガー法によるDNA合成もおこなわず、多試料を同時並行解析してデータを解析ソフトで連結させます。最近よく使われている最新のシークエンサーにナノポアシークエンサー（単一分子を細孔に通し、各塩基を電気的に検出する）があります。圧倒的な解析能をもつ解析システム（プラットフォーム）で全ゲノム解析も数日～数時間で終えられ、小型で安価なうえにRNAも直接解析できるため（☞原理的にはタンパク質も可能）、利用が急速に広がっています。NGSによって研究をゲノム配列既知というところからはじめられるようになりました。NGSによるハイスループット（大規模で網羅的な）塩基配列解析は「Seq」といいます（例：RNA解析→ RNA-Seq）。

14.2 タンパク質工学

14.2.1 タンパク質を扱う

タンパク質に関する技術の全体をタンパク質工学といいます。その基本はタンパク質の取扱いと分析です。タンパク質やペプチドの分離・精製には電気泳動やクロマトグラフィー（例：イオン交換、ゲルろ過（分子篩）、分配[逆相など]、吸着などの各種クロマトグラフィー）といった方法があります。タンパク質の分析法としてはアミノ酸アナライザーによるアミノ酸組成の分析、アミノ酸シークエンサーや質量分析によるアミノ酸配列分析（例：N末端からのエドマン分解法）があります。細胞内タンパク質を包括的に分析しようとするプロテオーム解析では、まずタンパク質混合物を二次元電気泳動で分離し（☞等電点と分子量の2種類の原理で分離する）、ペプチドに断片化したあとで質量分析によって部分配列を解読し、最終的にはゲノムインフォマティクス（生命情報学）によって遺伝子を同定します。

14.2.2 タンパク質やペプチドの合成

タンパク質合成法のひとつは遺伝子組換え法を応用する方法です。前述のように、発現型ベクターに目的遺伝子（真核生物の場合はmRNAに対するcDNA）を組み込んだものを細胞に導入し、細胞内でタンパク質を大量に発現させます。通常、細胞としては大腸菌を使いますが、大腸菌内では本来おこるべきアミノ酸修飾（例：リン酸化や糖付加）や折りたたみがおこらない可能性もあり、それを回避するために動物細胞を用いる方法もあります。遺伝子組換え法を用いれば、タンパク質が大量にできるだけではなく、精製が容易なため高純度のものが得られやすく、またウイルスの混在などを防いで安全な標品を得られ、変異DNAを元にした変異タンパク質作製（☞この手法を狭義のタンパク質工学という場合がある）が可能というメリットもあります。合成量がわずかでよい場合は、試験内で精製因子やアミノ酸、tRNAなどを使った *in vitro* 翻訳も可能です。活性発揮に複雑な折りたたみが必要でないアミノ酸数の少ないペプチドの合成であれば、化学合成法が威力を発揮します（☞このアプローチをペプチド工学という）。

14.3 人体、医療にかかわる技術

14.3.1 細胞を操作する：細胞工学

細胞の構築を変えるなどの技術を細胞工学といい、いろいろな操作がありますが、いずれの場合も細胞を試験管内で維持・増殖させる細胞培養という

図14-5　さまざまな細胞工学的手法

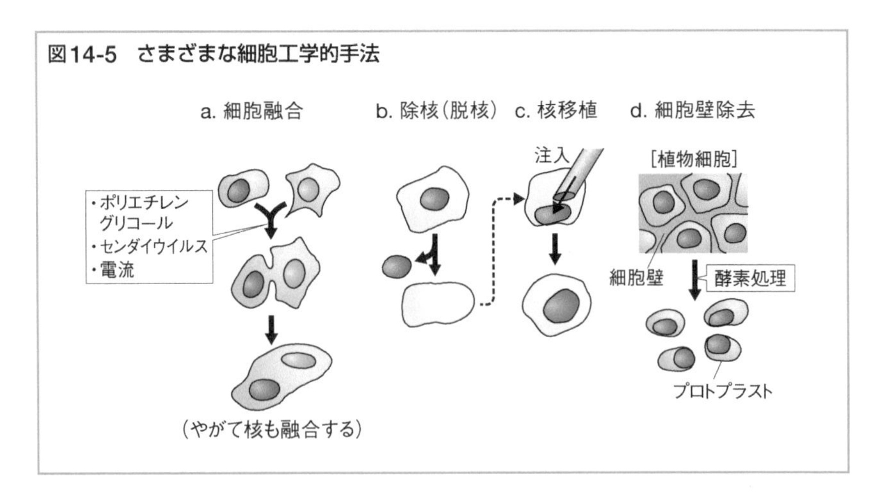

基礎技術が不可欠です。細胞工学技術には核の除去（脱核）や移入（核移植）がありますが、核移植には微量注入法や細胞融合法（**図14-5a**）が使われます。細胞融合はセンダイウイルスやポリエチレングリコールを使っておこないますが、細胞に一瞬だけ高圧の電気をかけて細胞膜を融合させる電気穿孔（せんこう）法という方法もあります。融合細胞によって両方の細胞の性質が出ることがあり、それを利用したものに単クローン抗体の産生があります。これはB細胞由来の癌細胞であるミエローマと、特定抗体を産生するB細胞を融合させるもので、融合細胞であるハイブリドーマは特定抗体を産生しながら増殖し続けるため、純粋な抗体を継続的に大量生産できます。また核と細胞質の組み合わせを変えた細胞（サイブリッド）をつくって細胞質の遺伝的機能（例：ミトコンドリアDNAの遺伝的性質）を調べることもできます。植物細胞では、融合や遺伝子導入をしやすくするため、まず酵素で細胞壁を除いてプロトプラストを調製します（**図14-5b、d**）。

14.3.2　組織工学と再生医療

細胞集団をまとまった組織として維持・増殖・利用する組織工学は、組織培養で調製した組織片を主に再生医療などの移植医療に使用するためにおこなわれます。古典的にはとり出した自身のリンパ球を培養・増幅させ、それを体内に戻したり、皮膚片を自己の損傷部分に移植しなおすなどの操作がありました。このような自家移植と違い、非自己の移植である他家移植をおこ

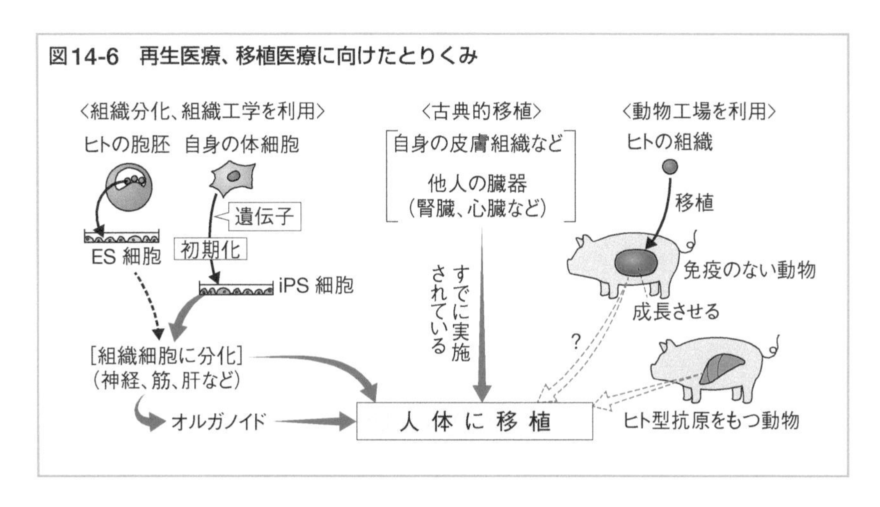

図14-6　再生医療、移植医療に向けたとりくみ

なうと、移植片が細胞免疫機構で排除される拒絶反応がおこり、移植片は生着しません（☞免疫抑制剤で拒絶反応をある程度は抑えられる）。

ヒト胞胚由来の幹細胞を培養化・維持させたES細胞を希望する組織に分化させ、それを移植の材料にしようという再生医療があります（**図14-6**）が、このような場合も拒絶反応の問題は残り、さらには卵や胚の確保や技術的問題（例：未分化細胞が移植されると癌になる）、そして倫理的問題などがあります。山中伸弥博士らが開発したiPS細胞は自己の細胞を元に多能性幹細胞を作製することができるので（**6.6節**（p.96）参照）、上述の問題が一挙に解決できるものと期待されており（2012年ノーベル生理学・医学賞）、現在、いろいろな疾患で臨床研究が進んでいます。

組織培養をおこなっても移植片としてすぐに使えるものは表皮組織、肝組織、筋組織といった比較的均一性の高い組織に限られます。複雑な細胞構築をもつ組織や、複数の組織が三次元に複雑に入りくんだ器官（例：血管、内臓）の作製はまだ困難と考えられていますが、最近はさまざまな工夫により天然のものに似せた人造器官（オルガノイド）をつくる技術が少しずつ進んでいます（例：腎臓の働きを一部もつオルガノイド）。細胞性免疫のない動物体内で“成育”させたヒト臓器や、抗原性をヒト型にした動物の臓器を利用する、いわゆる動物工場的な発想があり、実際海外では臨床試験もはじまっています（例：遺伝子改変したブタの心臓移植）。

14.3.3　遺伝子治療

ヒト体内の細胞に特異的なDNAを入れて発現させ、遺伝的疾患を治療する遺伝子治療というアプローチがあります。初めての遺伝子治療は、感染症に対する抵抗力の低いADA（アデノシンデアミナーゼ）欠損症患者の治療でおこなわれました。この酵素機能はリンパ球でとくに重要なため、まず患者からリンパ球をとり出し、その細胞にADA遺伝子を入れ、そのあと細胞を元の患者に戻します。遺伝子治療は癌を中心に多くの実施例があり、癌抑制遺伝子の増強、免疫系の増強などの戦略がとられますが、最近ではRNA干渉法を利用するもの、遺伝子導入や細胞傷害性ウイルスで細胞を殺すといった方法も試みられています。現在の遺伝子治療は体細胞を標的に一過的に遺伝子を発現させるものに限定され、生殖細胞や胚に操作を施してヒトを誕生させるようなことはまだ認められていません。

14.4 個体の遺伝子改変

14.4.1　遺伝子導入生物：トランスジェニック生物（図14-7）

ゲノムDNAに手を加え、遺伝的性質を改変させてより付加価値の高い個体をつくることが、ヒト以外のさまざまな動植物でおこなわれていますが、細胞に均一に外来遺伝子が導入された個体をトランスジェニック生物といいます。哺乳動物の場合は受精卵にDNAを注入し、それをゲノムに組み込ませ、そのまま発生させて個体とします。胚操作から出産までの人為的操作は

図14-7　遺伝子導入（トランスジェニック）マウスの作製

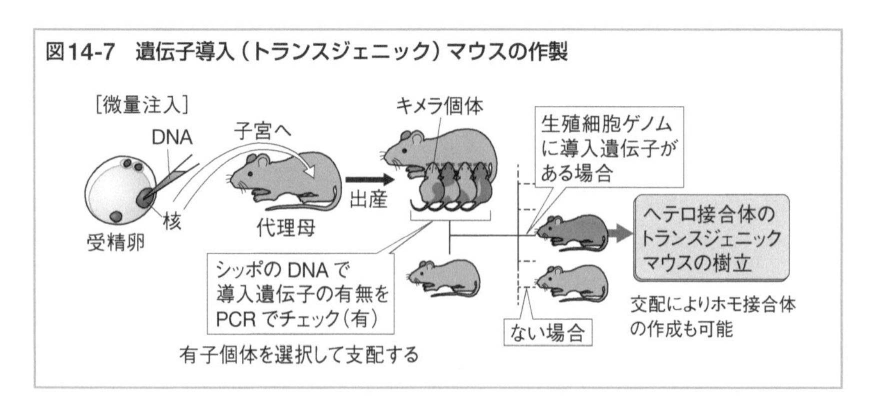

一般に発生工学とよばれます。生まれた個体の体細胞にはランダムに遺伝子が入っているので（☞DNAがゲノムに挿入されるタイミングや位置がランダムなため）、遺伝的にはキメラという状態になります。生殖細胞に遺伝子が入っているキメラ個体から生まれた個体はトランスジェニック個体となります（☞最初はヘテロ接合個体として生まれるが、それらの交配によりホモ接合個体もできる）。植物の場合は簡単で、遺伝子を入れた細胞をそのまま増殖・分化させて個体に成長させることができます。

14.4.2　遺伝子変換個体をつくる

A. 遺伝子ターゲティング（図14-8）

ゲノムを改変した個体作製法では、古くは変異誘発剤で細胞を処理したあとで個体を作出するという方法がありましたが、この方法では変異がランダムに入り、希望するものは得られません。カペッキらは相同組換えを利用して多分化能をもつES細胞のゲノムの狙った部分を薬剤耐性マーカー遺伝子と置換して遺伝子を意図したように破壊させる実験法を確立しました（2007年ノーベル生理学・医学賞）。この細胞を胚に戻してキメラ個体を誕生させ、ヘテロ置換個体→ホモ置換個体という順番で遺伝子破壊マウス（ノックアウトマウス）ができます。このような操作を一般に遺伝子ターゲティングといい、哺乳動物の遺伝子機能の解析に用いられます。

B. ゲノム編集（図14-9）

遺伝子ノックアウトは優れた方法ですが、大きな労力と長い時間がかかり、細胞もES細胞に限定され、効率もよくありません。この問題を克服する方

図14-8　遺伝子ターゲティングによる遺伝子破壊マウスの作成

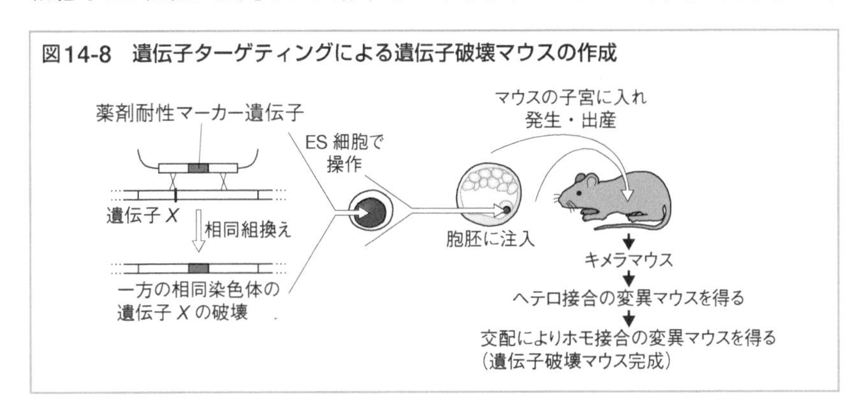

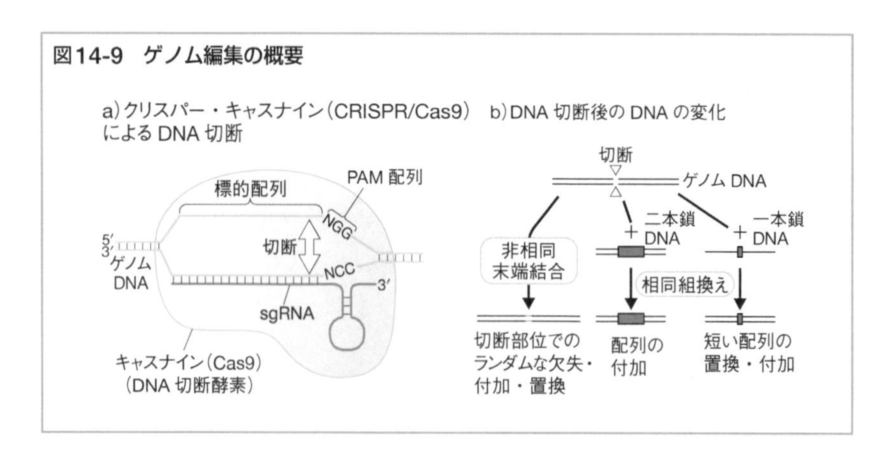

図14-9　ゲノム編集の概要

法として登場したのがゲノム編集です（2020年ノーベル化学賞）。要点はゲノム特定部位の二本鎖切断で、その後の修復（非相同末端結合）時に切断部位にランダムな欠失などが生じて遺伝子が破壊し、また適当なDNAを共存させると相同組換えによる配列の欠失、置換、挿入がおこります。オフターゲット効果による予期しない位置での切断の可能性は残りますが、ほとんどの細胞で使え、操作した受精卵からの個体発生も可能なので変異動物の作製が容易にできます。ゲノム切断法としてはsgRNA（小分子ガイドRNA）とDNA切断酵素（Cas9）の発現ベクターを細胞に入れるだけのシンプルなクリスパー・キャスナイン法（CRISPR/Cas9法）が一般的で、遺伝子組換えに代わる方法としてすでにゲノム編集トマトなどに利用されています（遺伝子が削れただけでは遺伝子組換えに該当しない）。

14.4.3　染色体レベルの改変

遺伝子組換え操作を用いず、染色体の組み合わせを変化させる染色体工学や、細胞工学・発生工学だけでも遺伝的に改変された個体をつくることができます。魚類では発生初期に物理的刺激を加えることにより、細胞分裂や染色体分離などを変化させることができるので、多倍体化してサイズの大きな個体をつくったり、雌雄の産み分け、クローン個体の増産などが可能です。細胞の性質は核で規定されるので、核を除いた（あるいは核を不活化した）哺乳動物の未受精卵に別系統個体の体細胞核を導入し、発生工学的技術によって発生させれば別系統個体と同一の（クローン性の）個体を出産させることができます。このような個体は体細胞クローンとよばれ、カエルを使って初めて成功しましたが（ガードン、2012年ノーベル生理学・医学賞）、この実験によりゲノムの恒常性が証明されました。クローン個体作成は主に動物の系統維持や個体数増加の目的でおこなわれます。

14.5 エネルギー問題と環境問題

14.5.1 バイオエネルギー（図14-10）

生物やその代謝システムを利用してエネルギーを産生する技術もバイオテクノロジーの重要な領域です。人類は有史以前から燃料として植物などの生物体（☞バイオマス）を利用してきました。石油や石炭などの化石燃料と違い、植物は使っても太陽光があれば何度でも増やせるので、再生化能エネルギーのひとつとみなされます。また植物の燃焼は、植物が大気からとり込んだ二酸化炭素を大気に戻すだけのことなので、二酸化炭素の正味の増加がないカーボンニュートラルと考えられ、地球環境を悪化させないとされています。代替液体燃料の候補としてバイオエタノールが注目される理由もここにあります。バイオエタノールは、糖化したバイオマスや糖分そのものを利用してアルコール発酵をおこない、できたエタノールを燃料に混ぜて使います。微生物が有機物を分解してできるメタンガスなどもバイオ燃料となります。

「燃料」となる水素を触媒で分解して電子をとり出し、発生した電気を利用する燃料電池は発電装置の一種ですが、水素は酸化（酸素と結合）しても水

図14-10　バイオテクノロジーによるエネルギー産生

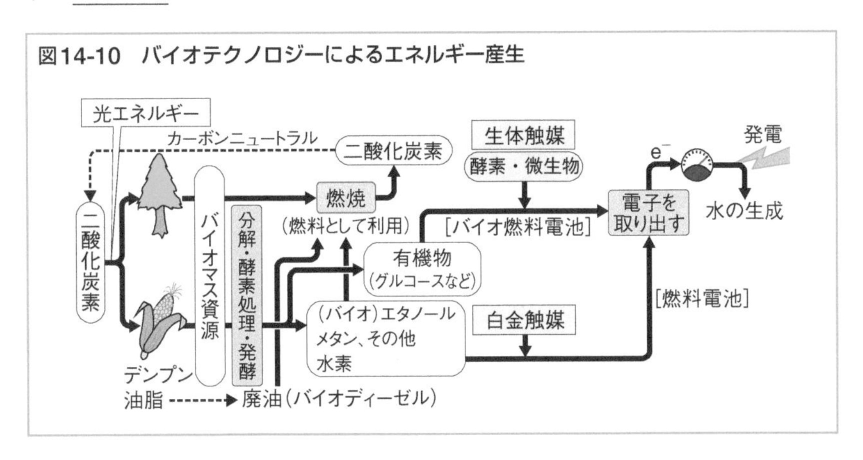

しかできないので環境を汚すことはありません。このシステムを拡張し、触媒として酸化還元酵素あるいは微生物そのものを使い、グルコースなどの水素を含む有機物中の電子をとり出す類似のシステムをバイオ燃料電池といいます。この原理を利用すると、グルコースの量に従って電流が流れるので、グルコース濃度を測定するグルコースセンサー（例：携帯用の血糖値測定器）として使うことができます。

14.5.2　生物を利用した環境対策

社会生活によって家庭や事業所から出される大量の汚水や廃水をそのまま環境に放出することはできず、放流の前にいったん浄化（汚水処理）する必要があります。このために使用されるのが有機物分解能をもつ種々の微生物です。好気的処理法では汚水層に空気や酸素を強制的に供給し（曝気）、微生物が繁殖した塊（活性汚泥）をつくらせ、それによって有機物を分解します。汚染有機物の量が多い場合は（例：糞尿）酸素のない嫌気的条件下で処理しますが、こうすると有機物が分解して有機酸やメタンなどが発生します。さまざまな原因によって環境が有害化学物質で汚染されることがままありますが、悪化した環境を修復・復元するために生物を用いるとりくみをバイオレメディエーションといい、主に微生物が使われます（例：石油成分を分解する細菌の使用）。このような微生物の特性を利用し、鉱物から金属をとり出すこともできます（微生物精錬：バイオリーチング）。

章末問題

1 遺伝子組換え実験のベクターがもつ3つの条件とは何でしょう。

【答え】複製起点をもつ（細胞内で複製する場合）、制限酵素切断部位をもつ、選択マーカー（遺伝子）をもつ。

2 生命工学の観点からアプタマーRNA、いわゆるRNA抗体がタンパク質抗体より優れている点は何でしょう。

【答え】RNAは化学合成で純粋・大量・迅速に入手でき、目的にあった構造に容易に改変でき、注射しても抗体ができにくい。

3 プロテオーム解析で使われる電気泳動法とは何でしょう。

【答え】二次元電気泳動法（2D電気泳動法）

4 タンパク質合成／生産におけるタンパク質工学は通常法に比べて多くのメリットがありますが、それは何でしょう。

【答え】大量かつウイルスなどの混入がなく純粋に得られる。遺伝子工学を応用して改変タンパク質が容易に得られる。

5 単クローン抗体をハイブリドーマでつくる際の鍵になる細胞工学的技術とは何でしょう。

【答え】細胞融合技術

6 iPS細胞がES細胞より優れている点は何でしょう。

【答え】治療を受けようとするヒトの自己の細胞が使える。拒絶反応がない。胚を使わず、倫理的問題が少ない。

7 遺伝子導入マウスと体細胞クローンマウスではメスから得る細胞が異なります。その違いは何でしょう。

【答え】遺伝子導入では受精卵を使い、体細胞クローンでは未受精卵を使う。

8 刈りとった稲わらを燃やしても大気中の二酸化炭素濃度は1年程度の範囲でみると上昇しません。どうしてでしょう。

【答え】わらなどのバイオマスは植物が吸収した二酸化炭素が元になっているので、燃やしても二酸化炭素量が元の量に戻るだけ（カーボンニュートラル）とみなされるから。

さくいん

英数

あ行

か行

さ行

た行

な行

は行

ま行

や行

ら・わ行

著者紹介

田村 隆明

医学博士．元 千葉大学大学院理学研究科教授．

『バイオ実験　安全ガイドブック』（講談社）

『基礎から学ぶ遺伝子工学』（羊土社）

『医療・看護系のための　生物学』（裳華房）

『基礎分子生物学』（東京化学同人，共著）など著書多数．

NDC460　　223p　　21cm

大学1年生の　なっとく！生物学　第2版

2022年12月26日 第1刷発行

著　者　田村隆明

発行者　髙橋明男

発行所　株式会社 講談社

〒112-8001　東京都文京区音羽 2-12-21

販　売　(03) 5395-4415

業　務　(03) 5395-3615

KODANSHA

編　集　株式会社 講談社サイエンティフィク

代表　堀越俊一

〒162-0825　東京都新宿区神楽坂 2-14　ノービィビル

編　集　(03) 3235-3701

本文データ制作　株式会社 エヌ・オフィス

印刷・製本　株式会社 ＫＰＳプロダクツ

落丁本・乱丁本は，購入書店名を明記のうえ，講談社業務宛にお送りください．送料小社負担にてお取替えいたします．なお，この本の内容についてのお問い合わせは，講談社サイエンティフィク宛にお願いいたします．定価はカバーに表示してあります．

Printed in Japan

ISBN 978-4-06-530111-1